Forest Structure Characteristics of Typical Stands
in North Mountain of Hebei Province

冀北山区
典型林分结构特征研究

杨新兵　刘凤芹　鲁绍伟　张建华　丁国栋　等著

中国林业出版社

图书在版编目（CIP）数据

冀北山区典型林分结构特征研究／杨新兵，刘凤芹，鲁绍伟著． —北京：中国林业出版社，2012.11

ISBN 978-7-5038-6820-7

Ⅰ．①冀…　Ⅱ．①杨…②刘…③鲁…　Ⅲ．①自然保护区－林分结构－研究－河北省　Ⅳ．①S759.992.22

中国版本图书馆 CIP 数据核字（2012）第 261476 号

出　版　中国林业出版社（100009　北京西城区刘海胡同7号）
网　址：http://lycb.forestry.gov.cn
E-mail：liuxr.good@163.com　电话：（010）83228353
发　行：中国林业出版社
印　刷：北京北林印刷厂
版　次：2012 年 11 月第 1 版
印　次：2012 年 11 月第 1 次
开　本：787mm×1092mm　1/16
印　张：12.5
字　数：190 千字
定　价：45.00 元

本书研究与撰写小组名单

组长：杨新兵　刘凤芹　鲁绍伟　张建华　丁国栋

成员（按姓氏拼音排列）：

曹云生	陈　波	崔晓东	高　琛	黄秋娴	黄永辉
黄永梅	剪文灏	江彦军	李淑春	鲁少波	吕　发
孟成生	任洪江	宋庆丰	田　超	王利东	王永明
王玉华	肖志军	阎海霞	袁胜亮	张　琛	张春茹
张健强	张　伟	赵　刚	赵心苗	智秀涛	周国娜

序

由于全球气候变暖对人类生存和发展带来的巨大威胁，人们已经深刻地认识到，森林生态系统是人类赖以生存与发展的根基，关系到物种安全、淡水安全、粮食安全、能源安全、气候安全、经济安全、社会安全和政治安全，没有林业的可持续发展就没有人与自然的和谐，就没有人类经济社会的可持续发展。2011 年 9 月 6 日，胡锦涛主席在首届亚太经合组织林业部长级会议上发表了《加强区域合作　实现绿色增长》的重要讲话，深刻论述了森林的多种重要功能，明确提出了加强区域林业发展和合作的重要主张，郑重表明了中国政府实现绿色增长的坚定决心，向全世界发出了让森林永远造福人类的重要倡议。从维护全球气候安全和人类共同福祉的战略高度出发，胡锦涛主席向世界作出了"到 2020 年森林面积比 2005年增加 4000 万 hm^2，森林蓄积量比 2005 年增加 13 亿 m^3"的庄严承诺。发展林业的任务既伟大而又艰巨！

森林的结构是森林生态系统的重要组织形式，结构决定森林的功能和性质，对其研究是经营和管理森林的理论基础，构建合理的生态防护林体系才能充分发挥森林生态系统的多种防护功能。

冀北山区南临京津地区，北接内蒙古自治区浑善达克沙地，位于滦河上游地区，是下游"潘家口水库"的水源涵养地和滦河主要发源地，也是北京市的上风区和影响北京生态环境质量主要的风沙通道之一。构建合理的冀北山区生态防护林体系，具有重要的生态、经济和社会效益。

本书是作者以长期观测资料和大量的第一手实验数据为基础，系统论述了冀北山区三种典型林分类型的树种组成、种群空间结构和格局、物种多样性等特点，进行了定性和定量的研究。资料丰富，论述系统、全面，对指导当地林业生产和生态环境建设具有重要的意义。

借此出版之际，我欣然为序，顺表祝贺。

余新晓

2012 年 11 月 20 日

前　言

　　森林是地球陆地生态系统的主体，是人类生存环境中重要组成部分。森林是国家重要的自然资源和战略资源，在保障木材及林产品供给、维护国土生态安全中具有核心地位，在应对全球气候变化中具有特殊地位。河北省林业"十二五"发展的总体思路：全面实施以生态建设为主的林业发展战略，以加快转变林业发展方式为主线，以确保实现"双增"目标为核心，深化改革，统筹城乡造林绿化，加大资源保护力度，加强森林抚育经营，全面推进现代林业和生态文明建设，为构筑京津生态屏障，打造绿色河北做出新贡献。近年来，河北省的森林经营虽然取得了不小的成绩，但与全国先进水平相比，仍有相当的差距。因此，加快河北省森林结构理论研究和森林的健康可持续经营是当前林业发展的方向。

　　林分结构是林分特征的重要内容之一，是森林生态系统重要组织形式，是森林经营与管理的理论基础。结构决定森林的功能和性质，合理的森林结构才能发挥其森林生态系统的各种功能。木兰围场自然保护区，地处河北省冀北山区围场满族蒙古族自治县境内，为京津地区实现防风沙、保水源、增资源提供保障。因此，在冀北山区营建有效的生态防护林体系，具有重要的生态、经济和社会效益。木兰围场国有林场管理局（简称木兰林管局）自成立以来，森林资源数量增长较快，林分质量有大幅度提高，但由于森林结构不合理，树种组成单一，生产力低下，直接影响林场的长期经营及其生态防护功能。

　　作者以木兰围场自然保护区典型群落类型为研究对象，采用公顷级样地，调查分析了三种典型林分类型的物种组成、树高、胸径、林木分形结构、密度等数量化特征，比较了林分的胸径和树高分布规律、不同林木的分形结构特征差异、种群空间结构参数和分布格局、物种多样性组成、植被演替规律、华北落叶松人工林边缘效应特征等，并提出了林分结构化经营调整方案，为木兰围场森林的结构化经营提供理论依据，并期待着实现冀北山区森林生态系统健康可持续发展。

　　本书由河北农业大学、北京林业大学、北京市农林科学院林业果树研究所、木兰围场国有林场管理局北沟林场多家单位的专家共同完成。野外调查时，课题组全体师生付出了辛苦的劳动，也得到了木兰林管局北沟林场的大力支持，北京林业大学余新晓教授审阅了书稿，并为书稿的完成提出了宝贵意见，在此表示感谢。

　　本书构思新颖，资料翔实，内容丰富，系统完整，可供林业、生态、水保、环境相关方面的科研、生产、管理人员及广大师生参考使用。殷切希望本书的出版能够引起有关人士对该领域的更大关注和支持，并希望该书对从事该领域研究的师生有所裨益。

　　本书的出版得到了国家林业公益性行业科研专项经费"典型区域森林生态系统健康维护与经营技术研究（200804022）"、"中国森林净生产力多尺度长期观测与评价研究（200804006/rhh-09"，以及河北省林业厅科技项目"冀北山地典型林分类型结构特征研究"等的资助。

　　中国林业出版社为本书的出版给予了大力的支持，编辑人员为此付出了辛勤的劳动，在此一并表示诚挚的感谢。

　　最后，恳切希望广大读者同仁对本书中发现的问题和不足给予批评指正，以便进一步修订中更改。

著　者

2012 年 10 月 20 于河北保定

目　录

第1章 绪 论

1.1 发展背景

森林是人类生存环境中生物环境的重要组成部分，是地球生物圈中的重要成分，也是地球陆地生态系统的主体。森林是由其组成成分生物（包括乔木、灌木、草本植物、地被植物及各种动物和微生物等）与其周围环境（包括土壤、大气、气候、水分、岩石、阳光、温度等各种非生物环境条件）相互作用形成的统一体。因此，森林是一个占据一定地域的、生物与环境相互作用的、具有能量转换、物质循环代谢和信息传递功能的生态系统。森林或森林环境既是人类生存和发展的基础、不可缺少的环境条件，又是人类开发利用的对象。

森林是国家重要的自然资源和战略资源，在保障木材及林产品供给、维护国土生态安全中具有核心地位，在应对全球气候变化中具有特殊地位。国务院明确要求"要把林地与耕地放在同等重要的位置，高度重视林地保护"。"十一五"期间，中央领导人对我国的林业工作十分重视，为了促进我国林业的稳步快速发展，颁布了10号文件，并首次召开了中央林业工作会议和全国集体林权制度改革百县经验交流会，明确了林业的"四个地位""四大使命"和"五大功能"，把林业摆上了前所未有的战略高度，并对林业工作做了充分的肯定。林业的发展也是应对各种自然灾害和国际碳贸易与碳排放等世界性难题的生力军。林业工作在"十一五"期间取得了大量的突破和历史性贡献。"十二五"开局之年，加快林业发展步伐，是全面推进现代林业建设的重要战略机遇。

国际上：由于全球气候变暖对人类生存和发展带来的巨大威胁，森林在固碳减排、减缓气候变化中的重要作用日益凸显。《京都议定书》把发展林业列为应对全球气候变化、固碳减排的重要途径。2007年，在《联合国气候变化框架公约》第13次缔约方大会上，植树造林、加强森林抚育、减少毁林、控制森林退化被列为巴厘岛路线图的重要内容。2009年，哥本哈根世界气候大会达成的《哥本哈根协议》，再次把发展林业作为应对气候变化、固碳减排的重要途径。2010年12月，在坎昆联合国气候变化公约第16次暨《京都议定书》第6次缔约方大会上，林业议题成为谈判的焦点，会议通过了与林业相关的两个决定，进一步巩固了林业在应对气候变化中的关键作用。可以说，国际社会对林业在应对气候变化中的重要作用已形成广泛共识，林业在国际事务和外交战略中承担着日益重要的责任。

国内：党中央、国务院把林业工作摆上了前所未有的战略高度。2009年9月，胡锦涛主席向国际社会庄严承诺，我国将把提高森林覆盖率等作为有约束力的国家指标，争取到2020年森林面积比2005年增加4000万hm^2，森林蓄积量比2005年增加13亿m^3。2011年春节期间，胡锦涛总书记在河北省保定考察指导工作时，强调要求"着力加快转变经济发展方式，着力做好农业、农村、农民工作，着力加强社会建设和社会管理，着力加强和改进党的建设"，并要求河北省要扎实推进京津风沙源治理等工程，大力发展林业产业。2009年6月，党中央召开了新中国成立以来首次中央林业工作会议，温家宝总理明确指出，"在贯彻可持续发展战略中林业具有重要地位，在生态建设中林业具有首要地位，在西部大开发中林业具有基础地位，在应对气候变化中林业具有特殊地位"。会议要求，"各级党委、政府要像重视农业生产一样重视林业发展，像关注粮食安全一样关注生态安全"。2010年10月，回良玉副总理在全国集体林权制度改革百县经验交流会上指出，林业具有林产品供给、就业增收、生态保护、观光休闲和文化传承等五大功能。他强调，"林业的作用，今天可以说，没有绿色和树木，就没有宜居的环境；没有花草和园林，就没有迷人的景观；没有森林和湿地，就没有碧水蓝天；没有造林绿化，就没有祖国的秀美山川。这正在成为人们的共识，并为实践印证"。

发展林业是保障国土生态安全、建设生态文明的基本要求。随着经济社会的发展，人们对绿色生态空间和生态文化的需求迅速增长。但目前全国生态状况整体恶化的趋势尚未得到根本遏制，林地退化、水土流失、土地沙化依然严重，自然灾害频繁，防灾减灾任务十分繁重。在此形势下，要实现党的十七大提出的建设生态文明、建成生态环境良好国家的新要求，完成党中央、国务院提出的到 2020 年森林覆盖率达到 23% 以上的战略目标，迫切需要统筹安排经济社会发展与生态建设用地需求，保障生态、经济、社会的协调可持续发展。

发展林业是加强节能减排、提高林业应对气候变化能力的客观要求。森林是陆地最大的储碳库和最经济的吸碳器，林业在应对气候变化的间接减排方面具有无可比拟的优势。我国现有森林每年吸收约 9 亿 t 碳，净吸收量达到了每年工业碳排放的 8%。在 2007 年的 APEC 会议上，中国政府提出的建立"亚太森林恢复与可持续管理网络"的重要倡议，被国际社会誉为应对气候变化的森林方案。《联合国气候变化框架公约》第 13 次缔约方大会将植树造林、加强抚育、减少毁林、控制森林退化作为巴厘岛路线图的重要内容。2007 年颁发的《中国应对气候变化国家方案》将植树造林、发展森林资源作为减缓气候变化的重要措施之一。而提高林业应对全球气候变化的能力，需要从根本上增加林地面积，提高森林保有量，从而增强森林植被的碳汇功能。胡锦涛主席在联合国气候变化峰会上向国际社会做出的争取到 2020 年比 2005 年森林面积增加 4000 万 hm^2、森林蓄积增加 13 亿 m^3 的承诺，将保护利用林地、增加森林资源提高到了国家目标和战略高度。

发展林业是满足市场需求、增强木材及林产品供给能力的必然要求。随着我国经济社会的快速发展，木材及其制品的国内消费也在迅速增长，其中人造板、纸浆及纸张消费已居世界第二位。2007 年，我国林产品折算的木材消费总量约 3.71 亿 m^3，但木材产品市场国内供给仅为 2.02 亿 m^3，实际消费缺口超过 1 亿 m^3。据测算，到 2020 年，我国木材消费总量将提高到 4.57 亿 ~ 4.77 亿 m^3，木材供应缺口将长期保持在 1 亿 ~ 1.5 亿 m^3 左右。如此巨大的需求缺口，仅依靠进口和节约资源是远远不够的，迫切需要立足国内，统筹安排好木材及林产品生产用地，提高森林经营水平，最大限度地满足经济社会发展对木材及林产品的需求。

发展林业是加强林地宏观调控、适应国土区域利用格局的形势要求。当前，我国正在根据不同区域的资源环境承载能力、现有发展密度和发展潜力，统筹谋划未来人口分布、经济布局和国土利用格局，完善区域政策，调整功能布局，形成合理的空间开发结构。林地作为巩固并扩大绿色生态空间、改善生态环境、保障生态安全的重要载体，为适应国家新时期区域发展战略，需要及时调整适应于国土区域开发利用格局的林地保护利用结构、布局、管理政策和措施，实行分区施策、分类指导、分级管理。

改革开放以来，国家先后实施了三北防护林、天然林资源保护、退耕还林、京津风沙源治理等重点生态工程。根据第七次全国森林资源清查（2004～2008 年）结果：全国林地总面积 3.04 亿 hm^2，占国土面积的 31.6%，森林覆盖率 20.36%。但是我国森林资源保护和发展依然存在很多的问题，例如：森林资源总量不足、质量不高、林地保护管理压力增加、营造林难度增大等等。

河北省：2008 年，省委发布的《体现科学发展观要求的设区市党政领导班子和主要领导干部工作实绩综合考核评价实施办法（试行）》，首次把森林覆盖率净增量列为考核内容。2009 年 2 月，省委书记张云川在全省"干部作风建设年"活动动员大会上，提出了"打造青山绿水硬环境"的要求。2009 年 11 月，省委常委会提出了"到 2020 年全省森林覆盖率达到 35%"的奋斗目标。2010 年 1 月，陈全国省长在全省林业工作会议上明确要求，"最大限度的提高森林覆盖率"，通过植树造林改善河北生态环境。2010 年 7 月，陈全国省长专门听取林业工作汇报，明确要求抓好林业改革、林业发展、林业产业化"三个方面"和城市绿化、主干道路绿化、环京津绿化、城市周围浅山区绿化、规模造林、沿海地区绿化和林木花卉等"七项重点"工作。2010 年 11 月，省委、省政府启动了环首都绿色经济圈和沿海经济带生态林业建设。2011 年 2 月 15 日，沈小平副省长到省林业局调研指导工作时指出，"十一五"期间全省林业工作在林业生态建设、集体林权制度改革、林果产业发展和森林资源管护等四个方面实现了突破，省林业局班子队伍建设全面加强，今后全省林业工作要正确处理好兴林与富民、保护与开发、规模与效益、主体与配套等四个关系，对林业建设提出了新的更高的要求。全省造林绿化迎来了重大机遇。

河北省的森林经营虽然取得了不小的成绩，但与全国先进水平相比，仍有相当的差距。一是森林资源总量不足、分布不均。从总量来看，按全国 31 个省份（不包括香港、澳门、台湾地区）统一口径排序，河北省森林面积排第 19 位，森林覆盖率排第 20 位，活立木总蓄积排第 22 位，说明河北省仍然是一个少林省份。从人均来看，全省人均有林地面积 0.73 亩，排第 26 位，为全国平均水平的 1/3，人均活立木蓄积 1.28m³，同样排第 26 位，为全国平均水平的 1/8。二是森林结构和质量问题突出。林龄结构偏低和可利用资源比例偏小。全省的森林资源以中幼龄林为主，比例占 84.22%。主要是纯林多、密度大；中小径材林过于集中，大径材资源少；珍稀树种资源少、定向培育材种少；林相类型过于单一。结构不合理，许多林分在水平分布上没有形成针阔混交；在垂直分布上没有形成乔灌草结合；在林龄组成上没有形成合理异龄搭配。三是中幼林抚育已成为全省森林经营最为薄弱的环节。全省现有 1900 万亩国家重点生态公益林中，70% 以上林地郁闭度 0.7 以上，有的小班郁闭度 1.0。据调查，全省亟待抚育的中幼林为 2100 万亩，亟待抚育的国家重点公益林达 1200 万亩。造成以上问题的主要原因是：一是对森林经营工作认识不足；二是森林经营政策不配套；三是森林经营投入严重不足；四是森林经营理论长期滞后；五是森林经营基础工作薄弱。这些方面问题都亟待解决。

1.2　研究目的和意义

根据《全国林地保护利用规划纲要（2010～2020 年）》的指导思想："根据经济社会发展对林地的多功能需求，优化林地保护利用结构与空间布局，统筹生态、生产、建设使用林地需求，分区明确林地利用方向和重点，合理配置林地资源。"规划纲要的目标：到 2020 年，全国林地生产率达到 90m³/hm² 以上，现有乔木林地的林地生产率力争达到 102m³/hm²；全国森林蓄积量增加到 150 亿 m³ 以上，比 2005 年增加约 23 亿 m³ 左右，比 2010 年增加约 12 亿 m³ 左右；通过实施森林经营、控制消耗等措施，全国森林蓄积量力争达到 158 亿 m³。河北省林业"十二五"发展的总体思路：全面实施以生态建设为主的林业发展战略，加快转变林业发展方式为主线，以确保实现"双增"目标为核心，深化改革统筹城乡造林绿化，加大资源保护力度，加强森林抚育经营，全面推进现代林业和生态文明建设，为构筑京津生态屏障，打造绿色河北做出新贡献。"十二五"时期发展目标是，完成造林 2100 万亩，中幼林抚育 1500 万亩。力争到 2015 年，全省森林面积达到 8700 万亩，森林覆盖率达到 31%，森林蓄积量达到 1.4 亿 m^3。果品总产量稳定在 135 亿 kg 左右，人造板产量稳定在 1200 万 m^3 左右，林业产业总产值达到 900 亿元，力争突破 1000 亿元大关。加快河北省森林结构理论研究和森林的健康可持续经营是当前林业发展的方向。

　　生态防护林是以防护为主要目的，根据防护地区的自然和生产特点及对防护作用的要求，将相关林种有机地结合起来，以达到最佳防护效益，进一步改善防护地区环境的防护林整体布局，已成为我国林业生态建设的核心主题，同时更多地被生态学界和官方领导关注和肯定。中国具规模的防护林实践与研究活动起步于 20 世纪 50 年代的网、带状农田防护林和水土保持林，主要目标是防风固沙（固土）（张志达，1995）。如三北防护林体系，又称修造绿色万里长城活动，是一项正在我国北方实施的宏伟生态建设工程，它是我国林业发展史上的一大壮举，开创了我国林业生态工程建设的先河。地跨东北西部、华北北部和西北大部分地区，总面积 406.9 万 km^2，占国土面积的 42.4%。

　　研究区属于河北省北部山区（简称冀北山区），试验地设在木兰林管局自然保护区，木兰林管局地处河北省围场满族蒙古族自治县境内，南临京津地区，北接内蒙古自治区浑善达克沙地，位于滦河上游地区，是下游"潘家口水库"的水源涵养地和滦河主要发源地，也是北京地区的上风区和影响北京生态环境质量主要的风沙通道之一。在冀北山区营建生态防护林带，具有重要的生态效益、经济效益和社会效益。木兰林管局自成立以来，森林资源数量增长较快，林分质量有大幅度提高，取得了一定的生态效益、社会效益与经济效益，但是由于存在大面积纯林，森林结构不合理，树种组成单一，生产力低下，林地退化现象显现，将直接影响林场的长期经营。

　　林分结构是林分特征的重要内容之一，对其研究是经营和管理森林的理论基础，结构是森林生态系统重要组织形式，结构决定森林的功能和性质，合理的森林结构才能发挥森林生态系统的各种功能，通过改善森林结构使其保持结构和功能效益最佳。本研究是针对冀北山区防护林结构较差、防护效益较差、生态环境逐渐退化等环境问题，以冀北山区分布的典型群落类型为研究对象，研究主要群落的胸径、树高分布规律、林木的分形结构特征、林木结构数量化特征、种群空间分布格局和物种多样性等等，揭示冀北山区生态防护林群落结构特征，为冀北山区森林经营、退化土地植被恢复、生态防护林体系建设等提供技术和理论依据。

第2章 国内外林分结构研究进展

林分结构是林分特征的重要内容之一，对其研究是经营和管理森林的理论基础，是人们研究的重点问题。测树学中的林分结构主要以树种组成、年龄结构、直径结构、树高结构、林层结构、密度和蓄积等指标来进行描述(孟宪宇，1995)。在森林生态学中，有许多表示群落特征以及物种在群落中分布、数量特征和种间关系的指标，如多度、频度、重要值、优势度指数、联结指数等，或从空间格局的角度，把种群个体的分布格局类型用随机分布、均匀分布和聚集分布来描述。李毅(1994)认为林分结构是指林分中树种、株数、胸径、树高等因子的分布状态；陈东来(1994)指出林分结构是指林分所包含的树种及林木大小值分布；孟宪宇(1995)指出，不论是人工林还是天然林，在未遭受严重干扰的情况下，林分内部许多特征因子，如直径、树高、形数、材积、材种、树冠以及复层异龄混交林中的林层、年龄和树种组成等，都具有一定的分布状态，而且表现出较为稳定的结构规律性，称为林分结构规律；胡文力(2003)认为林分结构是指一个林分或整个森林经营单位的树种、株数、年龄、径级及林层等构成的类型。综上所述，林分结构的概念可以归结为：林分结构是指一个林分的树种组成、个体数、直径分布、年龄分布、树高分布和空间配置等。

迄今为止的世界林业发展历史主要经历了森林的原始利用阶段(19世纪70年代之前)、森林的工业利用阶段(19世纪70年代至20世纪90年代)和森林的可持续利用阶段(20世纪90年代以来)。大多数国家处在第二个阶段和第三个阶段之间，也就是处在由单纯地追求林业产量到注重森林的多种效益的共同发展与利用。随着时间的推移，人工林暴露出越来越多弊端，树种单一，抗自然灾害性差，造成土地生产力下降，自然结构随大规模的造林而丧失，人工林培育引起林木遗传基因贫乏化(N. S. Sannik-ova，2003；邵青还，1991)。各国也对林业政策作了相应的调整，提出了新的理论。如美国的"新林业"学说，德国的"近自然林业"理论，我国的

"生态林业"（沈国舫，1998）、"林业分工论"（邵青还，1995）等。但是，这些理论的基础必须是在掌握林分结构的前提下，才能进行实施。

2.1 林分组成结构特征

2.1.1 水平结构

林分水平结构是指森林植物在林地上的分布状态和格局，包括树种组成、林分直径分布、分布格局等方面。

2.1.1.1 树种组成

树种组成是林分基本结构的重要组成部分，是制定经营目标和调整林分结构的重要考虑因素之一。由于树种的不同，森林树种的生物学特性和生态学特性均有所不同，即使是相同的树种，因分布、年龄、立地条件等因素的不同，其表现的林分结构差异也比较大。因此，林分的树种组成结构是树种在自然过程中长期相互选择、相互适应的结果，是林分的结构特征之一，是研究林分结构的重要基础内容。

在树种结构优化的研究中，秦安臣等（1996）选用了分析系统递阶层次结构的层次分析法（AHP）作为数学工具，结果表明：该法对于"目标结构比较复杂，缺乏必要数据的结构优化问题"比较适用，可以将各个林种、树种的面积比例落实到合理的水平上。

金沟岭林场次生林结构研究（孔令红，2007）中，从次生林的树种组成结构上看，山杨、白桦次生林随着生态系统的逐渐演替，针叶树和硬阔叶树将取代山杨和白桦，从经济和材质上考虑，硬阔叶树价值大于杨桦，而白桦又大于山杨，因此，在次生林的结构调整上，应采取"伐杨留桦、伐杨桦留硬阔、栽针保阔"的措施，充分考虑针叶树在组成和演替中的地位，保护和培育针叶树，诱导以针阔混交为主的林分。

长白山过伐林区云冷杉针阔混交林最优林分结构和最优生长动态的研究（吕康梅，2006）中，异龄林常形成混交林，树种组成是林分结构的一个方面，混交林经营的核心问题是混交林的树种组成、种间关系是否协调，以及如何确定相应的技术措施进行调解。通过对现有天然混交林的组成、结构及其动态进行调查和分析，可以为确定合理的树种组成和理想的林分结构提供思路。树种组成受到几个因素的影响：首先是目的树种，它与立地条件、经济效益及防护效益等有关；其次是树种的搭配，目的树种要和那些繁殖能力强、生长速度快、无共同病虫害的树种协调搭配。最优林分结构必然是一个树种搭配合理的、稳定的结构。

2.1.1.2   年龄分布

年龄分布在生态学是指年龄结构，林木的年龄结构是指林木株数按年龄分配的状况，它是林木更新过程长短和更新速度快慢的反映。林分的年龄分布是划分林分类型的一个依据（同龄林和异龄林），同时林木的年龄与树高、胸径、生物量、材积和林木的更新状况有很大的关系，所以对林龄的研究也给予了重视。年龄结构是植物种群统计的基本参数之一，通过年龄结构的研究和分析，可以提供种群的许多信息。统计各年龄组的个体数占全部个体总数的百分数，其从幼到老不同年龄组的比例关系可表述为年龄结构图解（年龄金字塔或生命表），从年龄金字塔的形状可辨识种群发展趋势，正金字塔型是增长型，倒金字塔型是衰退型，钟型是稳定型（惠刚盈等，2007）。

研究群落的年龄结构和空间格局，对于在景观尺度上阐明森林的形成、群落稳定性与演替规律、种群生态特性和更新策略具有重要的意义。代力民等（2002）通过对长白山林区椴树阔叶红松林伐根的大量调查，认为红松种群是由不同年龄阶段的群团状斑块组成，以多世代群居，优势世代之间没有一定的严格间隔期，在年龄结构图上往往出现两个或两个以上高峰。张伟等（2002）通过样带调查法结合 Greig-simth 的等级方差分析法，对庞泉沟自然保护区两类次生混交林主要种群年龄结构和空间格局进行了研究，结果表明：桦木混交林是相对异龄林，林下更新不良；云杉混交林是复层异龄林，林下更新良好，并且云杉的更新是一个相对间断的过程，两个世代间隔大约 50 年。薛俊杰等（2000）研究了华北落叶松天然林年龄结构状态与群落演替、更新、干扰等之间的关系，结果表明：灌木落叶松林为稳定的群落结构，林下更新良好；苔草落叶松林表现为相对稳定的群落结构，但林下干扰更新不良；云杉落叶松混交林中，华北落叶松表现为衰退种群，林下更新多为云杉，其中林冠干扰是影响华北落叶松群落稳定的重要因素。李东（2006）以长白山典型河岸带原始林和次生林群落为研究对象，通过沿海拔梯度的系统取样，对年龄结构做了研究，结果表明河岸原始林和次生林群落随着海拔梯度的变化，年龄结构在不同海拔区域均以40年以下龄级株数比例占优势，随龄级增大其株数比例呈现出逐渐减小趋势；龄级株树比例、龄级分布的连续性和间断性随海拔梯度的变化规律有所不同，阔叶树种和针叶树种在其不同海拔区域的群落年龄结构形成过程中所起的作用有所不同。

2.1.1.3 林分直径分布

林分直径分布即林分株数随直径分布，无论是在理论上还是在实践上都是最重要、最基本的林分结构。因此，研究直径分布规律，对于预估林分各径阶株数和蓄积变化、林木生长量、材种测算、抚育间伐以及建立林分生长、收获预估模型和森林经营模型都具有重大理论和现实意义。林分直径分布不仅是决定林分树高、断面积和材积等的基础，而且是估算林分材种出材量，指导抚育间伐，掌握林木枯损进程，确定合理轮伐周期，以及准确评定生产力的基础。

研究林分直径结构的方法很多，对于林分直径分布的研究，总体上可分为两个阶段即基于现实林分的静态模拟阶段和基于未知林分的动态预测阶段。在静态模拟阶段，大都用概率密度函数，如正态分布、对数正态分布、γ分布、β分布和 Weibull 分布等来表征树木径级株数的分布规律；在动态预测阶段，采用了参数预测（PPM）、参数回收（PRM）以及概率转移矩阵等技术建立林分直径结构动态预测模型。随着相关学科日新月异的变化，如统计分析科学的发展，林分直径结构模型朝复杂化、多样化方向发展，从整体上提升了林分直径结构模拟与预测系统的性能及准确度，更好地为科学营林和准确预估材积提供翔实的数字依据。因此，有关专家也陆续开展了对林分直径结构模型的研究，先后利用了相对直径法、概率函数法、种群分布模型及理论生长方程法来描述林分直径分布（吴承祯，1998；段爱国等，2003）。在测树调查中，各种类型林分的林木直径分布，除主要采用正态分布描述外，还采用了 Weibull 分布、对数正态分布、γ分布、β分布等，其拟合效果不尽相同。根据各国学者的研究表明，以 Weibull 分布在拟合林分直径分布中具有较大的灵活性和适应性。特别是近年来，在森林生长、收获预估模型、林分直径动态预测模型中，Weibull 分布应

用相当广泛。如用 Weibull 分布来描述油松（孟宪宇，1985）、日本落叶松
（方精云，1987）、杉木（周国模，1996），还有张义等对马尾松林分直径结
构的研究，杨凯等对红皮云杉人工林直径结构分布模型的研究，许彦红等
对西双版纳热带雨林林分直径结构研究。六盘山林区林分直径分布模型研
究（李晓慧等，2006）中采用以下 7 种模型进行株数—直径分布的拟合和检
验，分别是负指数函数、限定线函数、倒 J 形对数函数、Weibull 函数、幂
指数函数、逻辑斯特分布函数、正态分布函数，均取得了很好的效果。在
（陈新美等，2008）柞树林直径分布模拟研究中，利用 4 种分布函数即正态
分布、Weibull 分布、r 分布以及对数正态分布对两种类型柞树林的直径分
布进行了拟合，同时用卡方统计量对 4 种分布进行了检验；结果表明：在
4 个拟合分布函数中，γ 分布用于拟合两种类型柞树林的直径分布效果更
好。张建国等（2004）运用相对直径法、概率密度函数法、理论方程法、联
立方程组法（percentile prediction method）、最相似回归法（k-nearest neighbor
estimation method）以及其他拟合方法等对林分直径结构进行了模拟与预测。
朱荣宗（2009）提出 L-PRM 和 G-PRM 方法研究的结果与传统的方法进行比
较，结果表明，L-PRM 和 G-PRM 方法预测的合格率也很高，也适用于研
究突脉青冈天然林林分胸径预测问题。

　　长期以来，林分直径分布规律的数学描述多借助于概率论中的各种概
率分布函数，但这些传统方法运算繁琐、模型过于依赖数学方程式。人工
神经网络（简称 ANN）是由大量简单神经元广泛连接而成，用以模拟人脑
思维方式的复杂网络系统，以其具有良好的非线性映射能力、自学习适应
能力和并行信息处理能力等独特的优点引起了广泛的关注。ANN 有无限逼
近任意非线性系统的能力，且不依赖于现存的数学函数，在非线性系统建
模方面具有明显的优势。目前，已有利用人工神经网络模型方法来研究林
分直径分布的研究报道。

2.1.1.4　树高分布

　　树木的高度与其胸径及材积有着密切的关系，且林分密度的改变对树
高的影响甚微，影响树高的主要因素是树木所处的立地条件。在评价立地
质量时，人们就是利用了树高能灵敏反映立地条件这一特点，用林分优势

木的高或是平均木的高度与林龄的关系对其进行分析。对树高另一个应用就是利用树高与直径或者是树高与材积的关系编制树高表，通过该表可以准确判断林分的高或林分的蓄积量。另外，还可以研究树高与密度之间的关系，根据这种关系编制林分密度控制图。因此，林分树高结构规律在营林技术中有着重要意义。林分的树高分布描述的是林分中不同树高的林木的分布状态。研究的目的不同，应用的方法也会有所不同。

（1）树高曲线法。前人在研究林木的树高分布时发现：同龄纯林的树高分布一般表现为接近林分平均高的林木株数最多。胥辉（2000）等构建了思茅松林的树高曲线，拓宽了树高曲线的应用范围，正确反映了树高和胸径的变化规律。姚爱静（2005）利用该曲线对刺槐人工林、油松人工林和天然纯林的树高分布进行了描述分析。

（2）函数法。林木的树高与直径之间存在着密切的关系。戴继先（1993）根据地位级指数和 415 块油松人工林的资料分析了树高结构规律。陈东来（1994）利用 73 块山杨标准地的资料，验证了山杨天然林的直径分布遵从 Weibull 分布时，其树高分布也遵从该分布。一般情况下，如果林分的直径分布遵从 Weibull，那么其树高分布也会服从该分布。实践证明了Weibull 函数能较好地拟合树高分布曲线。王益和（2000）用树高曲线模型测算了标准地的蓄积量，分析表明：用树高曲线的测定结果精度高于一元材积表，且不会增加野外调查的工作量，因此在实践中有一定的应用价值。

2.1.1.5 树冠结构

2.1.1.5.1 树冠形状

树木的地上部分主要由树干、枝条、树叶等部分组成，其中枝叶组成的树冠是高大乔木进行光合作用、呼吸作用等一系列生理活动的主要部位，其大小、结构、形状等直接决定了树木个体的各组分产量、生长活力和生产力，并反映了林木在林分中的长势情况。树木的枝条作为叶片的支撑体，决定着叶片的空间分布；另一方面它连接叶片与树木整体，担负着它们之间的水分和营养物的运输。林木的分枝结构决定了植株树冠的复杂化程度。因此，枝条的结构对树木的光合、养分的运输和吸收等生理活动以及树冠形状起到了至关重要的作用。

近几年有许多学者对针叶树树冠冠形进行了广泛的研究。Kajtharal（1976）对人工林的树冠形态和维数进行了描述，认为树冠冠形由两部分组成，在林木树冠接触处以上的冠形为圆锥形，下半部分为圆柱形。李凤日（2004）针对落叶松人工林和 Rauliel（1996）针对黑云杉林分的研究也得出了相同的结论。Hashimoto（1990）根据幼龄日本雪松枝条的特征研究了树冠冠形的变化，得出结论：光照环境是树冠冠形和结构变化的主要决定因子。还有许多学者根据各种不同的树木的属性因子直接应用回归方程预估树冠半径或冠幅。但这些研究基本上都没有测量或考虑枝条的大小因子。

2.1.1.5.2   分枝结构

研究树木分枝结构的主要目的是了解它们利用生态空间的能力，进而揭示树木的生长对策和适应机理。对树木枝条因子的量化研究，有助于了解枝条的生长和树冠结构变化，为建立树冠结构预测模型提供基础，同时可以对森林经营措施进行评估。以黑龙江省佳木斯市横头山林场樟子松人工林的枝条解析数据为基础，对郁闭林分内樟子松树冠的分枝结构进行了研究，为更深入地了解樟子松人工林树冠结构及动态，更好地解释和评估经营措施对树木或林分生长产生的效果奠定基础（肖锐等，2006；张国财等，2008）。

分枝概率体现了枝条的分枝能力。分枝格局是植物构型分析中的一个主要内容，它最终决定了植株冠幅的复杂化程度。树木的分枝角度是形成树木的最基本要素，它对冠形的形成起着决定性的作用，也是衡量植物空间分布能力的一个重要指标，其向空间扩展的能力影响着枝叶对光照、温度、CO_2 的利用及其不同构件生物量的空间分布。一般来讲，分枝角度与光照有直接关系，分枝角度随着着枝深度的增加而逐渐增大。

树冠结构主要是指树冠层中的枝条数量、分枝特性、叶面积及其分布，以及冠长、冠表面积、冠体积等。树冠是林木的同化器官所在，它的差异既影响到地上部分器官的垂直分布和同化器官、非同化器官的空间分配，又影响到树冠各部分截取光照的程度，进而影响到树冠的分形特征，因此，研究树木的树冠结构规律特征对于深入研究树木的生长具有重要意义。

分形模型是建立在分形几何学的基础上发展起来的，其在生态学上的应用主要体现在分形维数分析方法上，即通过变换尺度的方式来揭示非规则性的研究对象在形态、功能、信息等方面的自相似特征。由于群落内环境因子空间分布的不规则性和复杂性，环境因子在连续的尺度上存在变异性，而且不同性质的环境资源具有不同的表现尺度，以及种群个体对这种环境条件的适应性及对环境资源的竞争和分配，导致了种群分布格局在不同尺度上产生了空间异质性。分形理论作为研究空间变异的工具，成为定量分析空间变异的有效方法，分形分析强调了尺度的重要性，尺度变化的内涵通过分形维数的变化反映出来，是刻画尺度依赖问题的有力工具（彭辉等，2010）。其中关联维数从种群空间占据程度、种群个体对环境资源进行竞争和分配的角度，揭示种群个体空间关联尺度变化规律以及种群格局的尺度变化特征，是独立于尺度的描述种群格局的有效手段。

目前分形理论在植物的分枝、植冠、种群、群落到景观各个层次的空间格局的研究中得到广泛的应用。树冠是叶片空间分布的集合体，都具有分形生长特性，因此，与树冠相关的研究，运用分形理论就很容易消除尺度依赖的影响。冠幅的分形维数作为表征植物种群空间占据能力的工具，是种群动态分析和种群分布格局研究的重要指标之一。Zeide（1998）等应用表面积/体积法对树冠的研究表明，分形维数是叶片对树冠空间填充程度的表征，同时，他还研究了不同种类的树冠结构，得到了明显差异的分形维数，说明不同树种具有不同生长对策。总体上来讲，分形理论刻画景观格局方面的研究较多，一般是将分形维数作为指示景观斑块边界复杂程度和尺度变化的参数，但群落、种群、植冠和分枝格局的研究开展得较少（高峻等，2004）。

雷相东等（2006）以20块落叶松云冷杉林为对象，采用多元逐步回归方法，研究其组成树种的单株冠幅预测模型。因变量为单株冠幅，自变量包括胸径、树高、枝下高、树冠比、竞争因子和林分密度；共测定了3099株树木，全部参加了建模，最终建立了长白落叶松、冷杉、红松、云杉、枫桦、水曲柳、色木、白桦和椴树9个树种的冠幅预测模型。结果表明：胸径和林分密度是所有树种中影响冠幅的重要因子。

分维数是衡量复杂性状的一项重要指标。迄今已报道的求算树冠分维数的方法主要有：盒维数法（Box-counting method）、双表面积法（The two-surface method)和贝氏法(Berezovskava method)，这3种方法各有特点。李火根等(2005)通过比较3种方法估算杨树无性系树冠的分维数的优缺点，以期为林木冠型结构研究探索新途径。张宝云等(2010)提出了一种新的分形树递归算法。其利用一个随机数来控制分枝点的数量与位置，通过另一个随机数来控制分枝偏转角的方向，每次调用通过不同的随机数选择不同的分枝点和偏转角度，控制生成不同形态的分形树。这样多种分枝形态各异的分形树可以通过多次调用这一种递归算法来生成。实验结果表明，所改进的分形递归算法随机生成分枝点，随机生成分枝偏转角，从下而上的生成分形树，更加符合树木自然生长的特性。此算法只涉及少量参数，就能够对整个树木的最终形态进行控制改变。只需要在每次调用此算法生成分形树时设置不同的随机数种子值，就能够随机生成千姿百态的分形树形状，简单方便，具有很强的通用性。

2.1.1.6　冠幅、胸径、树高之间关系研究

胸径和树高的关系非常复杂，其表现形式多种多样，既有线性的关系，又有各种形式的非线性关系。森林生态系统处于一个开放的环境下，胸径和树高的生长变化受到很多不确定因子的影响，同一地点各个时间点上的变化或同一时间点上不同地点的变化均表现不同，也就是说胸径和树高的变化存在非平稳性的关系。刘素青等(2007)在森林系统林分因子中用协整分析来解决胸径和树高的关系，证明协整分析是种有效的方法。

自从灰色系统理论在20世纪80年代被提出以来，已经在很多领域得到了广泛应用。目前已有很多文献利用灰色模型探讨了树高与胸径的生长，这些模型基本上用的都是灰色GM(1，1)模型，该模型参数保持恒定，但对于树木的生长，模型中的参数实际上是根据树木生长因素而定的，因此模型参数往往都是随着时间的推移发生变化的，为考虑模型参数的时变特性，白星等人基于灰色GM(1，1)模型提出了时变参数沉降预测模型，该模型参数被假定为时间的多项式，根据最小二乘原理给出了参数预测的具体方法。蒋艳等(2009)利用灰色代数曲线模型(简称灰色GAM模型)，对滇中云南松的胸径和树高进行模拟，取得了满意的模拟结果。该方法对林木胸径和树高生长具有较高的精度，为林木胸径和树高生长模型的确定提供了另一种思路。

森林生态系统中林分胸径和树高的 Granger 因果关系研究(刘素青等，2007)中，滞后阶数为 1 时，胸径和树高互为 Granger 原因。从另一方面说明，过去研究胸径和树高的有关模型是可行的；这也从理论上证明建立胸径和树高模型是合理的。滞后阶数为 2 时，树高是胸径的 Granger 原因，但胸径不是树高的 Granger 原因，两者比较，树高的影响时间更长。在森林培育过程中，要更加注重树高的生长发育，加大树高对胸径生长的影响，促进森林的全面生长，分析树高与胸径之间的关系。

树冠在树木的生长过程中具有重要的作用，它反映了树木的长期竞争水平对树冠结构信息的描述，越来越引起森林经营者的重视。冠幅是森林生长收获模型中重要的变量，它可以用来计算林木的竞争指数，在单木生长模型中预测单木的直径和树高生长。此外，冠幅也是树木的可视化的重要参数(朱春全等，2000)。因此，研究冠幅的预测模型具有重要的意义。以往的研究表明：冠幅与直径间有着显著的相关关系(李桂君，2005)；其他树木变量和林分因子也被用来提高对冠幅的预测，如树高、冠长、树冠比、竞争因子、林分密度、立地因子等。

2.1.2 垂直结构

群落的垂直结构主要指群落的分层现象(薛建辉，2005)。成层性是植物群落结构的基本特征之一，也是野外调查植被时首先观察到的特征。成层现象是群落中各种群之间以及种群与环境之间相互竞争和相互选择的结果(闫东峰，2005)。林分垂直结构是森林植物群落的基本特点之一，每一层都由不同的植物组成。不同地区和不同立地的植物群落，垂直结构有所不同。典型的森林主要包括以下 4 个层次，即林冠层、下木层、草本层、苔藓层。林冠层是高大乔木组成的森林最主要的林层，通常，可将林冠层再区分为若干个亚层。

陈灵芝(1963)研究了长白山西南坡鱼鳞云杉林的群落结构，详细探讨了其种类组成、生活型特点、成层现象、层片结构和镶嵌性等问题，指出云冷杉针阔混交林有明显的成层、混交现象，乔木层一般可分为 2 ~ 3 个亚层。王战等(1980)研究了长白山北坡各个森林类型的群落结构特征，指出云冷杉林具有稳固而独特的群落外貌，层次结构一般可分为立木层、下木层、草本层和死地被物层，树种组成通常简单，多为林龄相差很大的异龄林。云冷杉林往往具有较高的生物生产力。其结论与陈灵芝的研究结果近似，尤其是在种类组成、层次结构等方面。赵淑清等（2004）研究了长白山北坡植物群落乔木层、灌木层和草本层的物种多样性随海拔升高发生的变化，而关于林分内的垂直结构变化规律研究在国内甚少，垂直结构合理分配对充分利用林分空间具有重要意义，故有必要研究长白山云冷杉林的垂直结构规律，为合理经营管理提供重要依据。

张忠义（2005）在研究宝曼山栎类天然次生林群落结构中，将4个栎类天然次生林群落分为乔木层、灌木层和草本层3层，乔木层又分为乔木上层和乔木下层两个层次，进行了垂直结构分析。

邢韶华（2006）在研究北京地区胡桃楸群落结构时，将群落分为乔木层、灌木层和草本层3层，乔木层只分一层，不分乔木亚层。由于高生长和耐阴性在种内、种间的差异，天然林几乎总是表现出高度生长的成层性阳。当不耐阴树种处于林冠下层被压状态时，被压木就会死亡，导致种群数量减少，然而，大多数种会继续呈现出成层的格局，要么长时期保持相同的成层结构，要么林分在发育过程中，如果树种的高生长率发生显著变化，这种成层结构就会随之改变（Seott D，1993；Mary Ann Fajvan，1993；Bruee C，1992）。

李建民（2000）对光皮桦群落的成层性做了调查，发现它的内部结构分化明显，可分为乔木层、灌木层、草本层和层外植物等4个层次，而乔木层又可分为三个亚层，第一亚层以光皮桦、枫香为主，层高29～35m，覆盖度约20%；第二亚层层高20～29m，覆盖度约20%～30%，主要树种除拉氏栲外，尚有青冈、杉木、黄檀等；第三亚层高度小于20m，主要是后期侵入的毛竹，覆盖度约30%。

2.2　林分空间分布格局

林分空间结构是指林木在林地上的分布格局及其属性在空间上的排列方式，也就是林木之间树种、大小、分布等空间关系。林分空间结构是影响树木生长的关键因素，它反映了森林群落内物种间的空间关系，即林分中林木的水平分布格局和空间排列方式,在很大程度上决定了林分的稳定性、发展的可能性和经营的空间大小。空间结构分析已成为国际上天然林经营模拟技术的主要研究内容。

植物种群在自然环境中由于受个体、种群以及与环境因子之间相互作用的影响,存在各种空间分布特征。种群空间分布格局是种群生物学特性、种内间关系及环境条件综合作用的结果,是种群空间属性的一个重要方面,也是种群基本数量特征之一。在种群分布格局的研究方法中,具有较大的尺度依赖性,不同的观测尺度所得的结果可能截然不同。同时,不同性质的环境资源具有不同的表现尺度,从而导致种群格局在不同尺度上的空间关联程度存在着差异。种群格局的这种尺度变化特征可以用分形理论中的关联维数来定量刻画。种群格局关联维数是种群个体空间关联随尺度变化规律的反映,是种群个体对环境资源进行竞争和分配的结果,了解种群个体空间关联尺度变化的规律,将有助于进一步认识种群的各种生态关系。

2.2.1 空间分布格局种类

林分空间结构,反映了森林群落内物种的空间关系。张金屯(1998)林分空间结构包括多个方面,一般从 3 个主要方面描述:树种空间隔离程度,即混交;林木个体大小分化程度,即竞争;林木个体在水平面上的分布形式,即林木空间分布格局。林分中林木的分布格局反映了初始格局、微环境、气候、光照和竞争植物等条件的历史和环境综合作用的结果。它体现了林分内林木的空间分布特征。

研究林木空间分布格局种类的方法有很多,最基本的也是最常用的就是应用一维格局数学模型,对在野外所得到的实测数据进行拟合和分析。人们把格局类型分为三种,即:随机分布、均匀分布和聚集分布(张金屯,1995)。随机分布(random distribution):每一个体在种群中各个点上出现的机会相等,并且某一个体的存在不影响其他个体的分布,个体分布是偶然的。常杰、宋永昌等(2001)认为在环境资源分布均匀一致、种群内个体间没有彼此吸引和排斥条件下,才容易产生随机分布。它可以采用的数学模型是泊松分布(poisson)。均匀分布(uniform distribution):种群个体多是等距离分布的，或个体之间保持均匀的距离。种群各处的密度相等。这种分布在自然情况下极为罕见，人工林有一定的株行距，常呈均匀分布。另外强烈的竞争，或者抑制、毒害现象以及土壤物理性状（如水分等）的均匀分布，也会导致某些种群的均匀分布。理论分布的数学模型为二项分布。聚集分布（aggregated distribution）：种群分布极不均匀，在各处的密度相差很大，常成簇、群或块密集分布。其成因由于环境的差异，或植物传播种子以母株为中心扩散，或种间的相互关系等。分布的数学模型有负二项分布和奈曼（neyman）分布等。

空间分布格局是空间异质性的具体表现，而异质性是尺度的函数。因此空间格局对尺度有很强的依赖性，格局的强度及空间结构组成等随尺度而异，不同抽样尺度上获得的信息可能有很大的差异（韩有志，2003）。林分结构是森林经营和分析中的一个重要因子，是对林分发展过程如更新方式、竞争、自然稀疏和经历的干扰的综合反映。林分中树木的空间布局决定了鸟类、昆虫、附生生物、下层植物及土壤微生物的生境的三维空间（夏富才，2007）。林分空间结构还决定了树木之间的竞争势及其空间生态位，它在很大程度上决定了林分的稳定性、发展的可能性和经营空间的大小（惠刚盈，2001a）。一般认为，竞争是生物间相互作用的一个重要方面，是指两个或多个植物体对同一环境资源和能量的争夺中所发生的相互作用。竞争的结果产生植物个体生长发育上的差异。竞争指数在形式上反映的是树木个体生长与生存空间的关系，但其实质是反映树木对环境资源需求与现实生境中树木对环境资源占有量之间的关系，因而不失为研究种间种内竞争的良好指标。竞争指数反映林木所承受的竞争压力，取决于：①林木本身的状态（如粗、细、高度、冠幅等）；②林木所处的局部环境（邻近树木的状态）。到目前为止，已提出的多种衡量竞争程度指标从总体上可分为两类：与距离有关的竞争指标和与距离无关的竞争指标（Liu J，1981；Weiner J，1984；Tome M，1989；Biging G S，1995）。与距离无关的竞争指数不需要林木的坐标，没有利用空间信息（Munro D D，1974）。

2.2.2 空间格局研究方法

种群不仅是联结群落与个体的纽带，而且是生物群落、生态系统的基本组成成分。植物种群的个体在群落中的分布格式既是种群的重要特征之一，也是植物种群在群落中所处的空间结构定量化描述的基本特征，一般用种群的空间分布格局来描述。传统以木材永续收获为目标的森林经营中，描述林分特征的方法都与木材产量的多少相联系，忽略了可能对于林分特征而言最重要并决定林分的动态和稳定性的三维空间林分结构。实质上，任意时间、任何类型的森林的林分空间格局都对未来林分的生长和发育起着决定性的影响。

在森林经营中，人们能够采取的最为行之有效的办法是控制林分的合理密度，改善林木的生存条件，以提高林分群体对生存空间的利用率，达到提高林分生产力的目的。而林分的密度与林分中林木的分布状态，即空间格局，有着直接的联系，对林分密度的控制实际上是通过林分中林木空间格局的操作来实现的。此外，在森林调查中的抽样设计，研究林分、树木的生长模型，判断森林是否需要进行疏伐及实施育林措施等方面都需要或依赖林分中林木空间格局的信息。因此，研究森林中林分的空间格局对森林的可持续经营具有重要应用价值。

距离分析方法以个体与个体之间的距离为原始数据获取分析指标，用统计检验的方法考察实际值与理论期望值之间的差异显著性，进而判断种群的空间分布类型。样方法是检验样方内的密度分布是否为 Poisson 分布（随机分布）或者探讨样方之间是否存在空间自相关性的方法；样方法中的频次检验法主要是运用泊松分布、负二项分布、奈曼分布和均匀分布等 4种分布型进行理论拟合，检验方法是卡方检验法。但频次检验法的拟合结果往往同时适用于两种甚至两种以上的分布，在生物学意义上常出现混乱甚至矛盾的解释。

距离法是量化样方内个体间距离的非随机性方法，它主要包括最近邻体法、空间点格局方法（Ripley'SK 系数法）和 Moran 的 I 系数法。最近邻体分析（Nearest neighbor alnaysis，NAA）属于无样方法之一，它最早由 Clark 和 Evnas（1954）提出，其基本理论是通过比较样地内种群的实际分布与假设的随机分布之间的差异，借以作出种群空间分布类型的判断。它是分析种群空间分布格局的主要方法之一（Moeur，1993）。由于直接应用该分析方法会产生边缘效应，所以一些针对该方法的改进工作也主要集中在边缘效应的修正（Donnelly，1978；Fuldner，1995）方面。戴小华和余世孝（2003）借助地理信息系统软件的功能支持，采用 Fuldner（1995）边缘修正后的最近邻体公式，对规则样地和不规则样地中的种群分布格局进行了研究，结果表明用最近邻体法分析这两种类型的样地内种群分布格局都非常有效。但该方法只能分析特定尺度下的格局特征，因此一直被归入单尺度格局分析方法中（Perry，*et al*，2002）。最近邻体分析只能检验个体分布的随机性，不能确定种群分布格局随尺度而变化的情况（Richards & Williamson，1975；徐化成等，1994；王峥峰等，1998）。

王晓春（2002）在对长白山岳桦种群格局分析时，应用了地统计学分析的原理，结果表明，在海拔 1650～1700m 岳桦材积的半变异函数曲线为球形，其空间分布格局为聚集型，种群呈衰退趋势；在海拔 1750～2000m 岳桦材积的半变异函数曲线为直线形，其空间分布格局为随机型，种群较稳定；在海拔 2000～2150m 岳桦材积的半变异函数曲线为球形，其空间分布格局为聚集型，种群呈增长趋势。这说明长白山岳桦整体上有一种向上迁移的趋势，尤其是过渡带中的岳桦表现则更为明显。胡远满（1996）在对长白松同龄林的群落格局分析发现：长白松种群的空间分布格局呈很高的均匀性，趋于随机分布甚至均匀分布，分布格局动态表现出由均匀分布向随机分布变化的趋势。史军辉（2006）通过对鼎湖山植物样带针阔混交林群落主要木本植物种群数量特征、垂直分布和水平分布格局进行分析，探讨了主要木本植物种群发展趋势和种群维持机制。结果表明：荷木（*Schima superba*）－马尾松（*Pinus massoniana*）群落中，除马尾松随机分布外，其他主要乔木和灌木种群基本呈聚集分布。

在种群分布格局的多尺度分析文中，王本洋等（2006）提出扩展最近邻体分析法，并结合实例研究了广东省黑石顶森林群落中 5 个树木种群的多尺度分布格局特征，探讨如何改进传统单尺度分析方法以进行多尺度格局分析的途径，为研究格局与尺度的关系提供新的思路。Ripley'SK 系数法相较于其他方法利用了更多的信息（如样方内所有样点对之间的距离），并且其结果显示出多尺度上的格局信息。空间点格局方法可以分析任意尺度的空间分布格局，而不受种群密度的影响，并且能够显示出不同空间格局所发生的尺度，是分析种群空间分布格局最常用的方法。

　　研究林分空间结构的目的在于寻找合理的空间结构及其表达，提出合适的描述空间结构的参数，使基于已知树木相邻关系的生物过程模型得以在生产实际中应用。按照森林经营的观点，以下3个方面可以完整地描述林分的空间结构：①体现树种空间隔离程度的指标；②反映林木个体大小分化程度的参数；③描述林木个体在水平空间上分布形式的空间格局。

2.2.3　林分空间结构参数

　　（1）混交度。混交林的种内竞争是非常激烈的，且一般有着不良影响，因此必须研究树种在空间的隔离程度。关于树种空间隔离程度的研究方法很多，林学上常用混交比来说明林分中某一树种所占的株数比例（孙时轩，1992）。但混交比缺乏对树种空间分布信息的描述，不能完全反映混交林中树种的空间关系。树种混交度用以描述树种的空间隔离程度，或者说树种组成和空间配置情况，在用混交度分析林分的隔离程度时，可以通过分析林分混交度在不同混交强度上的分布或比较混交度的平均值，也可以采用分树种统计的方法，以获得不同树种在整个林分中的混交情况。

　　（2）大小比数。大小比数是对直径分布和至今所沿用的描述相邻木关系的大小分化度的完善和补充，它可以包括胸径、树高和冠幅的比较。大小比数同时考虑了参照树与相邻木的相对差异，可以明确的表达参照树与相邻木的大小关系，其优点在于使重建复杂的林分结构更接近实际成为现实（惠刚盈，1999）。

　　（3）角尺度。角尺度方法是一种优秀的格局分析方法，是用来描述相邻木围绕参照树均匀性的指标。不用测距也不用准确度量角度，既可用均值也可用单个值的分布来表达结果，对空间结构有很强的解析能力。该方法可用于森林经营中指导林木的分布格局调整。根据进展演替的一般规律，顶级群落的水平分布格局应为随机分布，因此格局调整的目标是将非随机分布的林分向随机分布调整。惠刚盈和胡艳波（2006）通过计算林分的平均角尺度和角尺度分布进行格局分析，提出尽量提高角尺度取值为0.5的单木比例，促进所经营林分角尺度分布均衡，将左右不对称的林分角尺度分布调整为左右基本对称。

　　采用混交度、大小比数、角尺度参数来描述林分空间结构的计测方法，是以林分内任意一株单木和距它最近的 4 株相邻木作为林分空间结构基本单元，真实地描述了林分空间结构组成，有利于通过已知的空间结构参数来指导森林的恢复与合理经营。

徐海等（2006）从林木的不同径阶角度，利用角尺度、大小比数和混交度分析了天然红松阔叶林的空间分布特征。结果表明：天然红松阔叶林中小径阶林木占总株数的 59.4%，其周围林木呈随机分布。大径木的平均角尺度呈急剧下降的趋势，说明其相邻木挤在一起的现象大幅度减少，相邻木在其四周趋于均匀分布。林木大小比数随胸径的增大迅速减小，混交度随着胸径的增大逐渐增大。郝云庆（2006）运用混交度、大小比数和角尺度对柳杉林间伐前后空间结构的变化进行预测分析。结果表明：间伐后柳杉周围的同种树种相对减少，柳杉的混交度增加；杉木的混交度变化则相反。柳杉和杉木的大小比数都有所增加，其中杉木最为明显。在角尺度方面，间伐前后林木的分布格局为均匀分布。可见，在人工择伐后，单木的优势地位、树种的空间隔离程度以及所占生存空间的大小都得到了较好的改善。郑丽凤等（2006）利用混交度、大小比数和角尺度结合树种组成，分析了红松阔叶林的林分空间结构。吕林昭（2007）用点格局分布、混交度和大小比数分析了长白山落叶松人工林与天然林木混交的林分空间结构。结果表明空间分布：入侵的天然树种呈现明显的聚集分布，林分整体呈现小尺度的聚集分布，在大尺度下呈随机分布；混交度：林分的混交度为0.84，说明它是一个由不同树种呈现强度混交结构状态组成的复杂森林群落；大小比数：落叶松占据了优势地位，入侵的天然树种冷杉优势最明显，榆树最不具优势。

2.3　森林物种多样性和演替

2.3.1　物种多样性

物种多样性是指物种水平的生物多样性，是指有生命的有机体即动物、植物、微生物物种的多样化（陈灵芝，2001）。它是群落组织水平的生态学特征之一，是生境中物种丰富度及分布均匀程度的一个数量指标，表征着生物群落和生态系统的结构复杂性，体现了群落的结构类型、组织水平、发展阶段、稳定程度和生境差异。

物种多样性是生物多样性在物种水平上的表现形式，包括两方面的含义，一是指一定区域内物种的总和，主要从分类学、系统学和生物地理学角度对一个区域内物种的状况进行研究，也称区域物种多样性；二是指生态学方面物种分布的均匀程度，常常是指从群落组织水平上进行研究，也称为生态多样性或群落多样性（贺金生，1997）。近年来国内外许多专家学者对植物群落物种多样性的研究方法及群落物种多样性变化给群落功能带来的生态影响等方面进行了颇多的研究。

采用的调查方法因调查目的而异。研究群落物种多样性的组成和结构多采用临时样地法中的典型取样法（马克平等，1995；贺金生等，1998）；研究群落的功能和动态多样性则采用永久样地法（黄忠良等，1998；彭少麟等，1998；王峥峰等，1999），也称固定样地法（丁圣彦等，1999）；研究物种多样性的梯度变化特征，采用样带法（马克平等，1997）或样线法（石培礼等，2000）。

选择多样性测度指数的标准有两种：一是看它们对一组数据的应用效果，二是比较它们对某些标准（如判断差异的能力；对于样方大小的敏感程度；被利用和理解的广泛性等）的符合程度（马克平等，1994）。Magurran（1998）对国外的多样性测度指数的应用情况作过总结，认为 Shannon-Wiener 指数是较为适用的一种指数。我国近年来对植物群落多样性研究结果较多，所采用的物种多样性测度指数按性质可划分为以下 4 类：物种多样性指数、物种丰富度指数、物种均匀度指数以及生态优势度。

物种丰富度指数主要是测定一定空间范围内的物种数目以表达生物的丰富程度。植物群落多样性研究中，采用最多的物种丰富度指数是用一定样地中的物种数表示（马克平等，1995；贺金生等，1998；高贤明等，1998；Hartnett, *et al*, 1990），这是最简单、最古老的物种多样性测度方法。另外应用比较广泛的还有：Margalef 丰富度指数（刘灿然等，1991；温远光等，1998）、Gleason 丰富度指数（刘灿然等，1991；温远光等，1998）、Menhinick 丰富度指数（刘灿然等，1991；岳明，1998）等，这些指数分别可用物种数目与样方面积大小或个体总数的不同数学关系来测度。物种多样性指数是将物种丰富度与种的多度结合起来的函数。其中最常用的有 Shannon – Wiener 指数(马克平等，1995；王峥峰等，1999)，Simpson指数(贺金生等，1998；高贤明等，1998)以及种间相遇概率(或称种间相遇机率)(PIE)(黄建辉等，1997)等。

Pielous 把均匀度定义为群落的实测多样性与最大多样性(在给定物种数 S 下的完全均匀群落的多样性)之比率，称之为 Pielous 均匀度指数。在实际研究中应用最多的是 Pielous 均匀度指数(郭志坤，2004；潘开文，1999；郑元润，1998)，其次为 Alatalo 均匀度指数(刘灿然等，1991；奚为民，1997)。

在大多数的群落学研究中，确定优势度时所使用的指标主要是种的盖度和密度。很多学者认为，最大的盖度和密度就意味着种在群落中具有最大影响。一般群落上层中盖度和密度最大的种类就是群落的优势种。传统的表达树种优势度的指标为重要值，重要值可以用某个种的相对多度、相对显著度和相对频度的平均值表示。重要值越大的树种，在群落结构中就越重要。树种在空间上某一测度(如直径、树冠、树高等)的优势程度可用树种大小比数来衡量。表达树种优势度的合适方法应该是相对显著度和树种大小比数的结合。因为相对显著度反映的是种在群落中的数量对比关系，没有体现该种的空间状态，而树种大小比数则反映了种的全部个体的空间状态。

2. 3. 2 物种演替规律

演替是指在植物群落发展变化过程中，由低级到高级，由简单到复杂，一个阶段接着一个阶段，一个群落代替另一个群落的自然演变现象。演替的研究可以帮助人们了解植物群落的现状，预测植物群落的未来，从而为合理经营管理植物群落提供科学依据，具有重要意义，所以一直是学者们研究的重点。

不同学者所根据的原则不同，划分演替类型也不同。按照裸地性质可划分为：原生演替和次生演替；按照演替发生的时间进程可划分为：快速演替、长期演替和世纪演替；按照引起演替的主导因素可划分为：群落发生演替、内因生态演替和外因生态演替；按照基质的性质可划分为：水生基质演替和旱生基质演替；按照演替方向可划分为：进展演替和逆行演替；按照群落代谢特征又可划分为自养性演替和异养性演替，等等。

目前为止，人们对于演替的机制了解甚少，牛翠娟等（2007）归纳了5个控制演替的主要因素，包括：①环境的不断变化；②植物繁殖体的散布；③植物之间直接或间接的相互作用，使它们之间不断相互影响，种间关系不断发生变化；④在群落的种类组成中，新的植物分类单位（如种、亚种、生态型）不断发生；⑤人类活动影响。

尽管生态学家相继提出了各种各样的演替理论或假说（Hooper D U，et al，1997；岳天祥，1999；韩玉萍等，2000），但由于地域等条件的限制，迄今为止还没有一个统一的演替理论或模式（臧润国，2001）。国内外许多学者从种群动态、群落层面、生态系统等各方面进行了大量的研究，取得了很多新成果，但关于群落或生态系统的稳定性争论比较多。

徐文铎等（2004）通过对长白山森林植被调查和长期定位观测资料，全面系统地总结了长白山植被类型特征和演替规律，认为长白山植被垂直分布基带应是红白松阔叶混交林，并指出人类活动并不能消灭植被分布和演替的自然规律。李庆康等（2002）探讨了群落演替的生理生态学机制，认为演替早期和演替后期各种植物所处环境常有很大差别，演替后期的生境一般较为封闭和稳定，演替早期和演替后期群落不仅物种组成不同，而且在演替不同阶段中出现的物种的生理生态特性及对环境的适应性也有很大差别。王本洋等（2006）的研究表明在演替过程中马尾松的优势地位逐渐被其他种群取代，群落将由以马尾松占绝对优势的单优群落演替为多种常绿阔叶林群落。群落演替是个漫长而复杂的过程，演替受人为和环境因素的影响较大，外界条件会改变演替的年限，但最终会达到顶级群落。

2.4 林木的可视化

在可视化技术广泛应用的大背景下，促进林业可视化技术产业化具有非常重要的意义。首先，在研究领域，目前在单株树木可视化方面，国外已经建立了许多虚拟植物模型，开发了有关的虚拟植物软件，并广泛地用于计算机教学、农林业、景观设计等多个领域。如加拿大的植物分形发生器和法国的 AMAP 系统。在国内，中科院的基于双尺度自动机的 Green

Lab 系统、浙江大学基于图形图像对树木形态的三维模拟、北京林业大学针对树木生理机构的可视化研究等均已初见成效。在森林场景可视化的研究方面，武汉大学、中科院地理所等多家研究单位都在三维电子地图和三维地理信息系统的研究上做了大量的研发工作。在虚拟森林景观可视化方面，空间数据库技术、web GIS（地理信息系统）技术以及 Location Base Service（即基于位置相关的信息服务，简称 LBS）技术开始在林业信息管理系统中应用。其次，在应用领域，北京林业大学将林业可视化技术引入木材密度研究，并完成了以毛白杨为主体的三维漫游动画。南京林业大学对 2000 年、2004 年南京梅花山风景林美学状况进行可视化技术评价。但是，目前关于林业可视化的研究主要集中在软件研发及实验阶段，关于该技术的推广研究较少。

　　森林是一个复杂的动态生态系统。为了获得经营决策所需要的信息，必须对森林的变化进行预测。森林景观的计算机建模与可视化研究的目标是构建虚拟森林三维空间。我国林业科学可视化技术的应用程度较低，技术力量也较薄弱。北京林业大学郝小琴等人研究了树木、森林、植物等景物的计算机生成技术，先后推出了多种森林景物的建模法和绘制算法。宋铁英提出了一种基于图像的林分三维可视模型，这种林分三维可视模型与林木的树高和冠幅的生长模型相结合就可得到林分逐年变化的三维图，并可产生林分生长的动画。李凤日等人开展了"林分动态三维图形模拟技术的研究"工作，初步实现了落叶松人工林的林分可视化，但是未达到可利用的程度。刘兆刚通过对樟子松人工林树冠动态三维图形模拟技术的研究，利用 opengl1.4 的可编程图形功能及 VC++6.0 开发了林分可视化软件 3DTree。韩光瞬（2006）在林木三维图形的表达中，不仅根据计算机图形学的原理对林木进行建模处理，达到图形美的效果，更为重要的是，将林木的生长过程作为一个控制参数引入到林木的三维图形的表达中，使得林木的三维图形具有符合林木生长的动态效果。随着计算机图形学和计算机仿真技术的飞速发展，国外的林分可视化技术又有了长足的进步。美国的林分可视化系统（stand visualization system）-svs3.31，是目前世界上最先进的林分可视化软件，它基于规则几何体-抛物线体（有 2 个控制点）来描述每株林木冠形，并利用计算机图形学中三维造型的方法，在美国推广应用。加速先进的林分三维可视化经营理论和技术，并在我国林业生产中推广应用，实现反演过去、再现现实、预测未来的森林动态生长变化过程，实现具有沉浸感、交互式森林经营、管理、规划等。

2.5 森林边缘效应研究

2.5.1 边缘效应的概念和内涵

2.5.1.1 边缘效应的概念

20世纪30年代，野生动物学家 Leopold(1933)将在生态交错带内的物种种类和个体数量多于邻近生态系统的现象称为边缘效应。1942年，地理植物学家 Beecher(1942)研究群落的边缘效应长度与鸟类种群密度的关系后发现，在两个或多个不同地貌单元生物群落的交界处，群落结构比较复杂，不同生境的物种在此共生，种群密度变化较大，某些物种特别活跃，生产力水平也较高，他将这种现象称之为"边缘效应"。Beecher 的概念侧重对边缘效应现象和结果的叙述。此后，许多生态学家又根据不同的研究对象、目的和角度，赋予边缘效应不同的概念(Forman，1986；Yahner，1988)。

1985年，我国著名生态学家王如松和马世骏(1985)在吸收前人研究成果的基础上，将边缘效应的定义从单纯地域性方面进行扩展，提出：在两个或多个不同性质的生态系统(或其他系统)交互作用处，由于某些生态因子(可能是物种、能量、信息、时机或地域)或系统属性的差异和协同作用而引起系统某些组分及行为(如种群密度、生产力、多样性等)不同于系统内部的较大变化，该概念包含了边缘效应产生的原因和结果。肖笃宁等(2003)将景观斑块的边缘效应定义为斑块边缘部分由于受到外界环境的影响而表现出与其中心部分不同的生态学特征。一般情况，斑块中心部分在气象条件、生物地球化学循环等方面都可能表现出与边缘不同的特征，斑块边缘通常具有较高的初级生产力。

2.5.1.2 边缘效应的分类和尺度类型

由于研究目的和方法的不同，不同学者对边缘效应产生了不同的分类方法。渠春梅(2000)等将边缘效应分为生物效应和非生物效应，其中，生物效应包括物种的分布和丰富度、捕食者和被捕食者的关系等，非生物效应即边缘小气候，如温度、湿度、气流、光照度、土壤湿度等。Murcia（1995）将边缘效应划分为三类：①非生物效应，指来源于不同结构基质的自然环境条件的变化，包括养分循环、能量流动和边缘小气候变化等；②直接生物效应，指由于边缘附近自然环境条件的改变而直接引起的物种分布和多度的改变；③间接生物效应，指边缘或边缘附近的物种间相互作用的变化，如捕食、竞争、生物传粉、种子扩散等；同时，还可改变某些种群的遗传结构。

迄今，有关边缘效应空间尺度的研究较少。王庆锁（1997）等对空间尺度类型有所探索但未见系统论述。周婷和彭少麟（2008）将边缘效应分为三个空间尺度：大尺度类型即生物群区交错带，主要是由不同结构基质的自然环境条件的变化所致，该尺度上植被的区域划分以气候为指导原则（倪健，2001），主要包括纬向性、经向性的植被地带性分布，由于海拔上升所造成的植被分异称为海拔性植被分布；中尺度类型即生态交错区，它并不是两个生态实体的机械叠加和混合，而是两个相对均质的生态系统相互过渡耦合而构成，有别于两种生态系统的转换区域，其显著特征为生境异质化以及界面上的突变性和对比度（王健锋，2002），主要包括城乡交错带、林草交错带、农牧交错带、林农交错带、水陆交错带、森林沼泽交错带（周婷，2008）；小尺度类型即群落交错区，如森林生态景观中的针叶林和阔叶林以及草地生态景观中的草地和裸地等类型斑块，不同群落之间的相互渗透导致其间同样存在边缘效应。只有将边缘效应的空间尺度认清，才能针对不同的尺度对其进行测度，进而更好的实现边缘效应的量化研究。

2.5.1.3　边缘效应的作用机理及三大定律

边缘效应的存在使边缘具有不同于中心部分的独有特征。王如松和马世骏（1985）认为，边缘效应的产生在于边缘的加成效应、协合效应和集肤效应。任何生物在多维生态空间中均占有一定的生态位，但由于环境条件的限制，生物的实际生态位与理想生态位（基础位）之间存在差距。若生态位维度与重叠值较高，则产生加成作用；对特定物种来说，其与各种生态因子并不是简单的加成关系，一旦与边界异质环境中的生态位相"谐振"，因子间就会产生强烈的协合作用;边缘地带是多种"应力"交互作用地带,通常较各子系统更复杂、异质和多变,信息量更丰富,可刺激子系统中信息要求较高的种群甚至外系统种群向边缘区集结,形成集肤作用;另外,他们还从热力学的观点对边缘效应的机理给予了解释。卫丽(2003)等通过多年研究和实践后总结提出了生态系统边缘效应三大定律,即边缘效应发生律、边缘效应态势律和边缘效应递减律。由于环境因子的作用,自边界向内部,生物系统依次出现状态变化,发生边缘效应,称为边缘效应发生律;正的边缘效应产生边缘优势,负的边缘效应产生边缘劣势,零边缘效应产生边缘均势,称为边缘态势律;在相同条件下,边缘效应的绝对值随边距递增而递减,称为边缘效应递减律。这三大定律在农业生产应用中发挥着至关重要的作用,正确认识边缘效应这三大定律,充分发挥其优势,为人类及整个生物圈服务。

2.5.1.4 边缘效应的主要特征

作为一种普遍存在的自然现象,边缘效应具有独有的特征。根据边缘效应的稳定性与否(王如松,1985),边缘效应可分为动态边缘和静态边缘两种。动态边缘是移动型生态系统边缘,外界有持久的物质、能量输入,此类边缘效应相对稳定,能够长期维持较高的生产力;静态边缘是相对静止型生态边缘,外界无稳定的物质、能量输入(阳光、水分除外),此类边缘效应是暂时的、不稳定的。

在森林生境片断化后,边缘生境中许多物理、化学和生物因子都发生了一系列显著变化。突出表现在森林边缘的小气候以及植物、动物和微生物等会沿林缘—林内的梯度发生不同程度的变化,从而导致片断化生态系统边缘的养分循环过程发生明显改变(Aizen,1994)。

边缘效应的主要特征可归纳为:食物链长,生物多样性增加,种群密度提高;系统内部物种与群落之间竞争激烈,彼此消长频率高、幅度大;抗干扰能力差,界面易发生变异,且系统恢复周期长;自然波动与人为干扰相互叠加,易使系统承载能力超过临界阈值,导致系统紊乱,乃至崩溃(王健锋,2002)。针对边缘效应的这些特征,尽量避免人为干扰所产生的边缘劣势,充分发挥边缘优势,使所研究区域形成稳定、生态和经济利益共存的局面。

2.5.2　边缘效应的定量评价

自 20 世纪 30 年代边缘效应这一概念提出之后，对其定量评价的研究方法一直是景观生态学的难题之一，因为边缘小生境等环境因子及生物间相互影响，具体条件变化多样，使得情况非常复杂。迄今，针对这方面的研究不是很多，同时也缺乏足够的、令人信服的方法或模型。因此，边缘效应的定量评价必定是今后的发展趋势。

2.5.2.1　边缘效应定量分析的基础

景观类型空间制图分析是边缘效应分析的基础。通过制图分析，可确定研究地区现有的各种景观类型及其空间分布特征，以及各种斑块的大小、数目和形状。在此基础上，根据各种景观类型的属性特征，分析不同景观类型可能对目标物种的影响，评价区域的景观适宜性。在地理信息系统支持下，可以较好地获取一个地区针对某种保护目标的景观适宜性评价图。生态交错带的研究需要反映交错带结构、功能和格局的梯度变化，数据的采集应适合进行梯度序列分析，其中，样带法是交错带研究最有效的方法之一（石培礼，2000）。苗莉云（2005）指出，可以通过补充随机取样并结合遥感技术和地理信息系统空间分析技术来弥补样带法的缺点，并提出了常用的两种定量判定交错带的有效方法（游动分割窗技术和植被变异的侧面轮廓图）。

2.5.2.2　边缘效应的表示方法

起初，有研究者用片断化景观的周长与面积比（p/a）来表示边缘效应（Schonewald，1986；Buecher，1987）。这种仅仅基于景观或斑块形状特征的边缘效应分析方法显然是不全面的，而且不能体现边缘效应的空间分布特征。为了计算特定面积或形状的片断中未受边缘影响的核心面积，p/a 被核心面积模型所代替。该模型用从林缘到林内距离（d）和温度、光照或物种丰富度等关系来表示。该模型中，边缘效应随进入林内距离的改变而改变，并且受边缘所处地势和方位的影响（Murcia，1995）。杜心田（2002）在研究 15 种植物群体的边缘效应后，提出植物群体边缘部分与中间部分生产量之差为植物群体的边缘效应。周永斌（2008）等对杨树边缘效应进行研究时，用边缘与内部杨树平均胸径的比值表示边缘效应率，从而确定边缘效应宽度。

　　关于边缘效应的判断指标,臧润国(1999)等指出"生境岛"与景观基质的对比度不仅是隔离化程度的一个指标,而且也表明了边缘效应的程度。李铭红(2008)等对片断化常绿阔叶林植物多样性的研究结果表明,边缘效应不仅影响植物的丰富度,也影响了植物个体的分布密度。草本植物的物种丰富度和藤本植物的相对密度可作为片断化程度和边缘效应的两个判断指标,且边缘效应的不同表现格局可以作为片断化群落生态恢复阶段的主要特征。马文章(2008)等研究了附生植物对森林生境破碎化的响应,结果表明,树干距地面 0 ~ 2m 范围内,单位面积附生植物的生物量和附生苔藓植物的盖度均可作为指示森林边缘生境的重要指标。因此,研究边缘效应时,应针对不同的研究对象及环境条件,找出适宜的指标,用正确的方法来研究边缘效应对研究地所造成的影响。

2.5.2.3　边缘效应强度的确定

　　Matlack(1994)在北美东海岸研究栎类林的边缘效应时,以林内距边缘不同距离处主要植物种的多度和 Gini 系数(测定累积频率分布不等性的指数)来表示边缘效应强度。王伯荪(1986)组建的边缘效应强度测度模式可较好地反映群落交错区的种群数量和结构上的效应强度。然而,以往的测度方法或模式没有涉及边缘效应可能影响的最大距离,而这对保护生物学的理论和实践具有重要意义。因此,探讨一种能弥补现有测度式的不足,且具有统计学和生物学意义的边缘效应测度模式十分必要。

2.5.2.4　边缘效应影响区的确定

　　在景观尺度上,一个空间单元是否属于边缘效应影响区,关键在于它受异类景观的影响程度。如果一个地区受异类景观的影响较大,那么该地区属于边缘效应影响区,否则属于核心地区。为了准确地确定边缘效应的大小,陈利顶(2004)等提出了定量评价斑块边缘效应的方法:从分析边缘效应的概念和影响因子出发,利用地理信息系统中滤波功能,以一定的窗口大小计算中心单元的景观适宜性负荷值;通过比较每个单元景观适宜性负荷值的大小,来确定该单元受到边缘效应的影响程度。如果该单元的景观适宜性负荷值大于边缘效应的临界点,则它不属于边缘效应的影响区,在进行生态功能区划时,应划归为核心区;如果其负荷值小于边缘效应的临界点，则划为边缘效应的影响范围。

　　无论何种机制形成的边缘，边缘上都有物种多样性增加的趋势，以人工林最明显，多样性指数从林缘到林内递减（毕润成，2004）。对于不同的研究对象而言，其边缘效应的可能影响范围会有较大差异。如何客观地确定边缘效应的影响范围具有重要的生态学意义。Miller（1985）以叶密度为指标的研究结果表明，康乃迪克州湿地红枫（*Acer palmatum* cv. Atropurpureum）林西北面的边界影响域约 15m。在美国太平洋西北部的花旗松（*Pseudotsuga menziesii*）林中，边缘使风倒速率增加、湿度降低以及其他物理性质发生变化的可能性延伸到林中距边缘 200m 处。牛树奎（2000）等对林缘草本可燃物进行研究的结果表明，南向和北向林缘树木对林缘枯草负荷量的影响范围分别为林内 10m 至林外 5m、林内 5m 至林外 10m。王文杰（2003）等研究表明，太宽和太窄的效应带在一定程度都可引起红松（*Pinus koraiensis*）幼树光合生理生态学的不适应，导致生长水平下降，6m 宽度的边缘效应带是促进红松生长的最佳边缘效应带。周婷（2009）等在研究森林道路边缘效应时指出，不同的道路宽度对群落的影响存在差异，道路存在时间的长短也会对森林产生不同的效应。乌玉娜（2010）等研究发现，边缘效应带对木质藤本群落结构的影响随边缘距离增加而减弱，影响深度随边缘形成年限的增加而增加，在 17 年的边缘中影响深度为 40 ~ 50m，在 13 年的边缘中影响深度为 10m。Hamberg（2010）等对芬兰半干旱城市森林边缘植被变化进行研究的结果表明，边缘效应的深度可能延伸到林内 50m 处。由此可见，不同的研究区域及研究对象所产生的边缘效应影响范围有很大差异，且同一研究对象不同方向的影响范围也存在差异。针对边缘效应产生的不同深度，可以找出适宜植被生长的最佳效应带，避免盲目种植，从而产生更多的生态和经济效应。

2.5.2.5　边缘效应的模拟研究

　　迄今，模拟边缘效应的相关研究主要集中在某个环境或生物变量对林缘至林内距离的反应上，最简单的模型为一元线性模型。Williams - Linera（1990）、Malcolm（1994）和马友鑫（1998）等分别建立了植被结构变量、边缘效应值和小气候要素与距林缘距离关系的经验模型，据此可估算出森林片断边缘某点处的变量大小。Chen 等（1993）、Laurance 等（1998）和王雄宾等(2009)在非线性模型方面进行了尝试,分别拟合出温度、动态指数和林下植被物种丰富度与距林缘距离之间的指数关系式。Murcia(1995)假设了边缘效应的双峰模型模式,认为这是两个或多个生物或非生物因子相互作用的结果。Did-ham(1997)认为,林内某位置可形成边缘内部的生态交错带,边界两边的物种发生重叠,导致物种丰富度和多度增加,该观点揭示了发生在边缘内部交错面上的某些动态过程。黄世能(2004)等构建了一个基于分割线段模型的边缘效应测度公式,结果表明热带山地雨林群落采伐后形成的边缘效应的作用距离一般都不超过 15m。Cancino(2005)通过胸径、树高、断面积等与林缘距离建立模型,对辐射松(*Pinus radiata*)林的边缘效应进行研究,较好地反映了不同林缘处这些变量的变化趋势。Proc-tor(2006)等利用不同参数(食物可利用性、掠夺行为等)建立模型发现,生活在边缘地区的鸟类比生活在森林深处的鸟类更警惕。通过不同环境或生物因子与林缘至林内距离之间建立的模型,实现了边缘效应的定量化。在边缘效应影响范围内可以找出变量因子在任意一点处的相关值,进而更好的研究边缘效应对变量因子产生的深远影响。

2.5.3 边缘效应对森林生态系统的影响

2.5.3.1 边缘效应对小生境和土壤的影响

在全世界范围的森林片段化现象越来越普遍的情况下,即使个别树木引起的小响应也可能对一个地区的碳通量和物种组成产生深远影响(Mcdo-nald,2004)。对于核心区的林地,由于有边缘地区树木的保护,可以避免外来环境因子的影响,但在边缘地区,由于缺乏高大林木的保护,光照、风沙等可以直接侵入林下,从而导致林地边缘地区的生境与林地内部的生境[包括气温(张一平,2001;闫明,2006;郭萍,2003)、地温(张一平,2001;闫明,2006)、空气相对湿度(闫明,2006)、光照度(祖元刚,2002;郭志华,2006;Marchand,2006)]有较大差异。林缘与林内树基和林冠下表面温度随时间变化的分布、不同高度处平均树表温分布以及林外-林缘-林内地表温的水平分布,表现出很大的差异性(张一平,2001)。从林内至林外,植物叶温(T_1)依次表现出气温(T_a)型($T_a > T_1$)、中间型($T_a = T_1$)和辐射型($T_1 > T_a$)(郭萍,2003)。接近林缘的光照度高于林内

（Marchand，2006），且光合有效辐射可能是影响某些树木生长的决定性因素（祖元刚，2002）。林冠越高、林冠郁闭度越大，林缘对附近小气候和植物光能与水分利用的影响就越大（郭志华，2006）。因此，针对特定林木生长所需的适宜环境因子，尝试在森林边缘人为的栽植喜光、耐风沙的树种，从而保护目的树种；或在种植适宜边缘地区生长的林木时，在确定森林面积时，尽量使林木都处于边缘效应影响范围内，从而达到最大的生态和经济效益。

影响边缘效应最主要的因素是方位和地势（王雄宾，2009），方位决定了太阳辐射量，太阳辐射量小则边缘效应弱，地势则通过影响照到林下层的入射光来影响边缘效应（Murcia，1995）。牛树奎（2000）等对华北落叶松（*Larix principic – rupprechtii*）人工林林缘草本可燃物进行研究的结果表明，在距林缘相同的距离上，南林缘的枯草负荷量 > 东 > 西 > 北，且南向林缘明显大于北向林缘。丁宏（2008）等指出，在杨树人工林地不同方向上的边缘效应中，东部方向表现出的边缘效应最大，北部次之。Hamberg（2010）等认为，芬兰半干旱城市森林边缘植被在东、南、西方向的边缘效应强于北面。针对不同方位和地势产生的边缘效应不同，在实际经营管理过程中，要重点加强边缘效应影响大的方向的管理，充分发挥边缘效应优势，使林木生长达到最佳状态。

森林边缘特殊的小生境导致边缘土壤与林内土壤有所差异。由于林缘光照度高、风沙大，使土壤腐殖质湿度较低，导致林缘处土壤微生物生物量和活性降低（Lamsa，2008），而土壤养分含量既有正效应（Marchand，2006），也有负效应（Aceves，2008）。Lin（2009）对森林边缘区域的调查发现，该区土壤种子库中入侵种子的积累量多于林下植被中存活的入侵物种数，即对于种子的入侵林缘没有起到阻碍作用，而种子在林内存活却受到一定的影响。因此，为了阻止入侵物种进入林内发芽和生存，应改善森林的立地条件，使入侵物种难以存活，从而保证森林内原有植被的健康生长。

2.5.3.2　边缘效应对鸟类的影响

鸟类是森林生态系统的重要组成部分，且边缘效应这一概念尤其适于鸟类种群（Gates，1978），因为边缘效应对鸟类富集度的影响显著。Proctor

（2006）等研究发现，处在边缘地区的鸟类比生活在森林深处的鸟类更警惕。有研究表明，破碎化次生林中斑块面积和斑块隔离对大山雀、喜鹊的产卵时间和卵平均质量均有影响（邓文洪，2001；赵匠，2002），从而影响其繁殖成功率。就鸟类的群落结构而言，鸟类物种数随着斑块面积的增大而增多，耐边缘种偏爱面积较小的斑块，而非边缘种偏爱在大面积的斑块中繁殖（邓文洪，2003）。除斑块面积外，鸟类群落结构的变异还与不同组成的斑块边缘、年龄结构和植被多样性有关（Lawler，2002；王文，2007）。随林缘长度的增加，鸟类的种－数系数（即鸟种数×鸟类的总个体数）不断增加（刘喜悦，1998），且不同距离梯度的鸟类分布差异达到极显著水平（曹长雷，2010）。苗秀莲（2005）等研究表明，作为群落交错区的郊区的鸟类群落物种多样性指数和均匀性指数较大，其次为田间，市区最小。蔡燕（2009）等对海南鹦哥岭的原生林、次生林、人工林及其林缘的鸟类多样性进行比较，结果表明，与原生林和次生林相比，人工林及其林缘的鸟类多样性较低，且人工林最低。因过度干扰和轻度干扰都会使物种多样性和均匀性降低（苗秀莲，2005），因此，应尽量保护原始林、次生林，避免人为的破坏，使鸟类多样性更加丰富、繁殖率更高，适宜生活的区域更大，从而产生最大的生态效应。

此外，边缘地区食物供应充足，可引诱鸟类巢址，但边缘地区种间竞争和巢捕食率增加，使孵化率减小、雏鸟存活率严重下降，进而导致繁殖成功率降低（Burkey，1993）。有研究表明，无论天然还是人工巢箱中的鸟类，其巢捕食率在边缘地区明显高于森林内部（Burkey，1993；Paton，1994）。但相反的研究结果也有过报道（Marini，1995）。因此，应避免边缘地区扩大，使鸟类更多的生活在森林内部，使其更好的繁殖生存。

2.5.4 边缘效应的应用探索

边缘效应规律是自然界和人类生态系统的普遍规律，应充分利用边缘优势为人类及整个生物圈服务。在自然保护区的设计管理中，边缘效应是必须考虑的一个重要内容。一般而言，大的圆形保护区有较大的核心区，受与边缘有关的生物、非生物的影响相对较小，因此能保护更多的物种和生态系统，其中生物种群灭绝的可能性较小（渠春梅，2000）。由于自然或半自然景观的作用，破碎斑块地区的边缘效应将有所减弱，从而有较多的地区可以成为物种栖息的核心地区。正确区分斑块核心区面积的大小及其空间分布对于珍稀物种的保护将十分重要，尤其在景观破碎化严重的地区，同时可以在较大程度上指导自然保护区功能区的划分（陈利顶，2004）。

边缘效应可直接影响一些珍稀物种的生存。但往往由于没有正确分析边缘效应的强弱及其空间分布规律，导致在开展生物多样性保护研究时，忽略了边缘效应地区的生物多样性。斑块边缘效应在景观异质性较高和斑块形状较复杂地区表现得尤为复杂，因此利用边缘效应定量评价方法研究这些地区的边缘效应对于自然保护区的设计和生物多样性保护具有十分重要的意义（陈利顶等，2004）。

边缘效应在护田林网、防火林带和防风林带具有重要的应用价值。杨延福（1997）利用生物阻火层次分析法，分析了侧柏（*Platycladus orientalis*）林分的生态特点，研究其阻隔地表火蔓延和防止地表火向树冠火转移的功能，从而提出将侧柏林缘改造成生物防火林带。Dalp（2009）利用阻力系数和叶面积密度，运用流体动力学模型模拟了森林边缘气流的动量损失和动荡产生情况，进而探讨风能源的利用情况。因此，充分利用边缘优势，发挥边缘林木的防火、防风作用，使其更好地为人类服务。

合理利用边缘效应可提高植物的经济效益。杜心田（2002）研究发现，植物群体的边缘效应与水平边距呈负相关，即边缘效应递减律，将该规律应用于带状种植，设计各植物的幅宽时，凡发生正边缘效应的植物，其幅宽应窄于正边缘效应递减范围的 2 倍；凡发生负边缘效应的植物，其幅宽应大于负边缘效应递减范围的 2 倍，以减缓负边缘效应的影响，从而提高林木的经济效益和生态效益。丁宏（2008）等研究表明，杨树人工林地东部方向的边缘效应最大，因此，在生产实践中可以尝试性地增加南北行的长度；面积最小林地的各行杨树胸径生长量差异很小，即最小面积的杨树林中，林木全部为边缘林木，建议多种植小面积杨树林，从而提高杨树林产量，增加杨树林的经济效益。

通过调查林缘降水中不同离子含量，对改良林地可起到一定的指导作用。Wuyts（2008）等调查了欧洲白桦（*Betula pendula* Roth）、英国橡树

（*Quercus robur* L.）、欧洲黑松（*Pinus nigra*）距林缘 128m 内净降水量中 NO_3^-、SO_4^{2-}、Cl^- 等的离子含量，结果表明，与其他两种林分相比，黑松林缘因具有较多的穿透雨，降水中 NO_3^-、SO_4^{2-} 含量较高，如果将黑松林栽成另外两种阔叶林或混交林分，将会降低土壤酸化、氮饱和、地面或表层水富营养化程度，并使生物多样性增加。因此，在林木经营过程中，应尽量种植混交林分，间接增强林地内物种的多样性，从而使不同林木处于最佳的生长环境中，起到保护环境、保持生态平衡的作用，同时使经济利益达到最大。

2.6 森林生态系统经营理论

2.6.1 检查法经营

检查法是一种高度集约的经营方式，在许多欧洲国家都有应用研究，在亚洲应用研究的国家主要是日本和中国。检查法的目标是通过定期重复调查来检查森林结构、蓄积和生长量的变化，运用抚育择伐和天然更新的经营方式，永续保持森林结构处于确定的平衡状态，保持森林永续利用。其经营思想的核心是采伐量不超过生长量，即在天然异龄混交林中，根据森林林的结构、生长、功能和经营目标，在经营中边采伐、边检查、边调整，森林的结构逐步达到优化，使森林生态系统健康，并产生高效益。检查法是动态适应性的经营方法，采取较短的经理期或经营周期，及时了解林分状况和生长动态趋势，并适时采取合理的调整措施。检查法的基本想法与恒续林思想相同（郑小贤，2001），特点是提出一个具体的森林经营方法。检查法中最重要的经营方法是择伐技术的运用。它的择伐要点是定期用同一标准、同一方法测定异龄林分的生长量，以此确定定期的择伐量，通过定期择伐后，进而调节林分内株数控制径级分布的比例。我国的李法胜（1996）、于政中（1996）等报道，从 1987 年起，吉林省汪清林业局和北京林业大学合作在该林业局金沟岭进行了检查法生产试验研究，并且系统地对试验林分进行了生长预测和择伐模拟研究，结果表明：在长期实施采伐量低于林分生长量的低强度择伐作业的情况下，即择伐强不超过 20%，

最好在 15% 左右，试验林分既能保持稳定的木材收获，又能使林分蓄积量
持续稳定增长。

2.6.2　近自然森林经营

　　近自然森林是指主要由乡土树种组成且具有多树种混交、多层次空间
结构和异龄林时间结构特征的森林。近自然森林经营是以森林生态系统的
稳定性、生物多样性和系统多功能和缓冲能力分析为基础、以整个森林的
生命周期为时间设计单元、以目标树的标记和择伐及天然更新为主要技术
特征、以永久性林分覆盖、多功能经营和多品质产品生产为目标的森林经
营体系。可见近自然森林经营是指充分利用森林生态系统内部的自然生长
发育规律，从森林自然更新到稳定的顶级群落这样一个完整的森林生命过
程的时间跨度来计划和设计各项经营活动，优化森林的结构和功能，永续
充分利用与森林相关的各种自然力，不断优化森林经营过程，从而使生态
与经济的需求能最佳结合的一种真正接近自然的森林经营模式（罗瑞平，
2006）。

　　近自然林经营技术在我国有过相关报道（邵青还，1991；赵秀海，
1994；张硕新，1996；李春晖，2001；陆元昌，2003），但将其较全面地
从理论经营体系、经营方法到案例研究引入我国的是中国林科院陆元昌研
究员，并在北京密云县半城子、海南等 5 个地区设置了示范区（陆元昌，
2006）。我国较早成功应用近自然林经营的生产单位是浙江天童林场，根
据近自然经营的原则将其应用于当地的森林改造，取得了一定的成果（王
良衍，2000）。但我国第一例与德国相关专家联合进行的较大面积的近自
然人工林改造试点研究工作在北京密云水库集水区，项目区选择了 3 种森
林类型不同的区域作示范区，并进行近自然森林经营计划和目标树林分抚
育择伐设计，实践中得出近自然林经营具有投入成本低、抗灾害能力强的
特征，其整体经营的总生产力和经济效果高于同龄林人工林经营体系，可
将现有林分的蓄积量提高一倍以上，并能实现森林的多品种多等级产品生
产，保证林业经营稳定发展（陆元昌，2003）。由于近自然经营对促进林分
蓄积增长、维持地力、增加林分物种多样性、提高森林群落稳定性等方面
具有重要意义，因此在东北过伐林有条件的地区进行近自然经营试点工

作，待技术成熟后再进行推广(赵秀海，2005)。

在森林经营中，张鼎华等(2001)将"近自然林业"的经营方式应用于杉木人工林的改造中，结果表明：与采用常规方法经营杉木相比，无论是平均胸高、平均树高、单位面积蓄积量都有大幅度的增长，且立地条件越差增长的幅度越大；用近自然林业经营法经营杉木人工幼林，土壤肥力也得到了维护和提高，表现在土壤生物活性加强、土壤养分增加、交换性能改善、加速了养分的循环和累积。何兴元等(2003)从植物群落生态学角度研究了沈阳树木园森林树种组成与植物区系特征，群落的生活型和层片结构，群落的垂直结构与成层现象，群落的水平结构与镶嵌现象，森林天然更新与发展，野生动植物的种群定居与保护，进而阐明了该园森林群落是我国北方典型城市近自然林类型。为证实近自然更新对生境条件的抗衡能力，王树力等(2000)采用实验生态学的方法，经过6年的林隙实验证实了林隙对红松更新生长的有利作用，确定出树高与林隙孔径比为 $1:1 \sim 4:3$ 时较利于林隙内红松的生长。赵学海等(2000)利用红松直播造林模拟自然更新，得出利用种内植生组作用可以提高种内对不利条件的抗衡能力。高育剑等(2004)以森林生态学理论为指导，运用近自然林地理论，依照地带性原生植被的组成与结构，对乐清市象阳镇的无林地绿化、坟山绿化和林带造林进行设计，重点解决了项目区造林规划的目标树种选择与合理配置、多树种混交造林与补植技术。

2.6.3 分类经营

森林的分类经营是根据社会对森林多种效益的要求，按照森林多种功能主导利用作用的不同，相应地将森林划分为公益林和商品林，分别按照各自的特点和规律运营的一种新型林业经营管理体制和发展模式(惠刚盈，2007)。分类经营的实质就是依据各类森林在国民经济中的作用，充分利用优越的自然条件，按林种、土地生产潜力科学组织森林经营，按各林种的功能定向培育森林，区别对待、集约经营、科学管理、不断提高并充分利用土地和森林的生产力，实现森林资源的生态、经济、社会三大效益的良性循环。

在进行森林分类经营时，以持续发展的原则、经济的原则、生态系统的完整性、生物伦理这几个方面为指导。其中，①可持续发展的原则：即持续发展、永续利用森林多种功能的原则；②经济原则：即在保护森林、发展资源的前提下，达到最佳经济效益；③生态系统的完整性：维持生态系统的完整性是分类经营原则的一个重要方面；④生物伦理：森林生态系统种类多，结构复杂，为众多生物提供生存环境，因此保护生物多样性也是分类经营主要考虑的方面。

对于划分方法，各国有所不同，新西兰、澳大利亚、美国等国家将森林划分为两类——商业林和非商业林，其中以新西兰为代表。新西兰的经营思想从森林多效益经营向森林多效益主导利用经营方向转移，将国有林中具有商业属性的，担负天然林所承担的木材生产任务的工业人工用材林划分为商业林，把天然林划分为非商业林，对其进行管理，充分发挥其生态效益和社会效益，以达到经济效益和社会、生态效益的统一。法国、加拿大、俄罗斯等国家则划分为三大模块：木材培育、公益森林、多功能森林。日本、奥地利、马来西亚等则将森林划为多类林。然而我国划为两大类：生态公益林和商品林，实现生态公益林和商品林的和谐统一发展。

2.6.4　森林可持续经营

在 1993 年召开的欧洲森林保护部长会议（赫尔辛基进程）上提出了"森林可持续经营是指以一定的方式和速率管理并利用森林好林地，保护森林的生物多样性、维持森林的生产力、保持更新能力、维持森林生态系统的健康和活力，确保在当地、国家和全球尺度上满足人类当代和未来世代对森林的生态、经济和社会功能的需要的潜力，并且不对森林生态系统造成任何损害"。包括生态系统的完整性、生物多样性、生物过程、物种、生态系统的进化潜力以及维持土地的生态可持续性，同时还包括森林对于社会良性运行的意义，此外也不排斥传统的森林永续收获经营的目标。

森林可持续经营的基本内涵：①生态环境可持续性：在经营过程中生态环境的可持续性关注的是森林生态系统的完整性以及稳定性。②经济可持续性：森林可持续经营的过程中，经济可持续性的主题是森林经营者。经济可持续性关注的是经营者的长期利益。强调在经营的过程中，实现经济可持续性，经营者除获得直接的经济利益以外，还应需要生态补偿、国家扶持等外部环境的大力支持。③社会可持续性：社会可持续性强调满足人类基本需要和高层次的社会文化要求。持续不断地提供林产品以满足社会需要，这是森林可持续经营的一个主要目标。合理的森林经营不仅可提高森林生态系统的健康和稳定性，促进社会经济的可持续发展，还能满足人类精神文化的需求（郑小贤，2000）。

针对可持续经营是一个动态的、开放的、复杂的，同时又是对象十分具体的过程，Goerter 等人提出了 5 条基本原则：①从社会方面定义的目标；②整体、综合的科学；③广泛的空间规模和长的时间尺度；④合作决策；⑤有适应能力的制度。徐国祯则把森林生态系统经营的实践划分为三个阶段，即①调查阶段：包括自然、经济、社会方面的调查，重视多资源、多层次的调查；②评估阶段：包括生态评估、经济评估和社会评估；③区划和区域规划阶段：在一个全面保护、合理利用和持续发展战略下，将多种资源和多种效益的要求分配或融合到每块土地和林分上，以保持一个健康的土地状况、森林状态和一个持久的土地生产力，通常按生态系统经营规划在 4 个空间范围内进行，即区域、省/流域、集水区和生态小区，执行适应性管理过程，建立新的检测和信息系统，增加调研和调整计划的方法，增强部门内外机构的合作，以及保证公众的参与等。

森林可持续经营要求把森林经营与生态环境保护相结合，协调经济发展与环境保护之间、资源利用与环境保护之间的关系，形成生态上和经济上的良性循环，实现林业的可持续发展。逐步淘汰传统林业，代之以森林可持续经营为基础的现代林业（郑小贤，2000）。

2.6.5 结构化森林经营

惠刚盈等（2007）在森林可持续经营的原则指导下提出了基于林分空间结构优化的森林经营方法——结构化森林经营。结构化森林经营从现代森林经营的角度出发，提倡"以树为本、培育为主、生态优先"的经营理念，以培育健康稳定的森林为目标，根据结构决定功能的原理以优化林分空间结构为手段，注重改善林分空间结构状况，按照森林的自然生长和演替过程安排经营措施。针对每一种林分从空间结构指标（林木分布格局、顶极种优势度、树种多样性）和非空间结构指标（直径分布、树种组成和立木覆盖度）两方面分析其经营迫切性，首先伐除不具活力的非健康个体，并针对顶极或主要伴生树种的中大径木的空间结构参数如角尺度（$W_i = 1$ 或 $W_i = 0.75$ 林木的相邻木属于潜在的采伐对象）、竞争树大小比数（$U_i = 1$ 或 $U_i = 0.75$ 林木的相邻木属于潜在的采伐对象）和混交度（$M_i = 0$ 或 $M_i = 0.25$ 林木的相邻木属于潜在的采伐对象）来进行空间结构调整，使经营对象处于竞争优势或不受到挤压的威胁，整个林分的格局趋于随机分布，群落生物多样性得到提高，从而使组成林分的林木个体和组成森林的森林分子即林分群体均获得健康。视经营中获得的林产品为中间产物而不是经营目标，认为唯有创建或维护最佳的森林空间结构，才能获得健康稳定的森林（惠刚盈等，2009）。

结构化森林经营量化和发展了德国近自然森林经营原则，以培育健康森林为目标，其理论基础是结构决定功能的系统法则，范式为健康森林结构的普遍规律，既注重个体活力，更强调林分群体健康，依托可释性强的结构单元，已成为一种独特的、更具操作性的森林可持续经营方法。

第3章 研究区概况

3.1 研究区域概况

3.1.1 地理位置与范围

木兰围场自然保护区地处内蒙古高原和冀北山地的汇接地带，行政区位在河北省最北部的围场满族蒙古族自治县境内（图3-1）。东邻内蒙古自治区赤峰市，北接内蒙古自治区克什克腾旗，南及西南分别与承德市的隆化县和丰宁满族自治县接壤，距历史文化名城承德市153km，距首都北京340km，是冀蒙交界地区重要的交通枢纽。地理坐标为北纬41°35′~42°40′，东经116°32′~118°14′，海拔高度750~1829m，总面积50637.4hm²。保护区西面是郭家屯镇和卡伦后沟牧场，北面是御道口乡、御道口牧场和棋盘山镇，东面是伊逊河，南面临近庙宫水库，是滦河水主要发源地，也是北京的生态环境屏障。

3.1.2 地质地貌

木兰围场自然保护区属河北省地质构造四个区中的内蒙古台背斜区，区内山峦起伏、沟壑纵横，海拔高度约为750~1829m，自然坡度为1/150~1/350，由于受第三纪以来喜马拉雅山造山运动的影响，形成了现在的东北高、西南低的阶梯地形，由于地壳长期缓慢上升，经受风化剥蚀和近代堆积作用而形成了广阔的波浪状，丘陵山地及带状河谷阶地，加上内蒙古台地背斜的东部地质构造及地层岩性比较复杂，长时间遭受内外营力的作用，形成了现代的地貌轮廓，而这些自然地理条件和新构造运动等一系列因素的影响，改变了原有的地貌状况，出现了新的地貌景观。根据现代地貌特征，保护区大体可分四个大的地貌区。

（1）侵蚀构造地形。本区主要分布在坝上桦木沟附近及坝下大部分地

河北省森林分布图

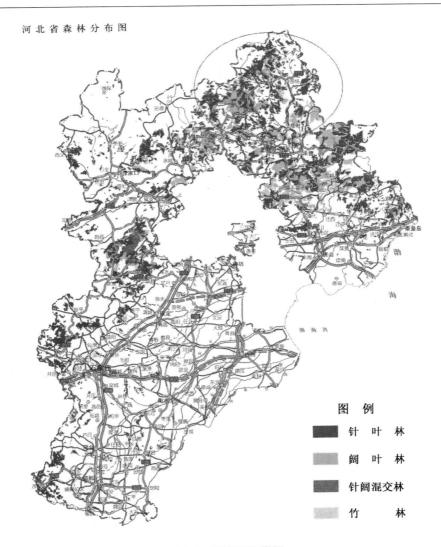

图 例

■ 针 叶 林

▨ 阔 叶 林

▨ 针阔混交林

▨ 竹 林

图 3-1　研究区位置图

Fig. 3-1　Location ofresearch area

区，即：东起小洼西至孟奎，北起半截塔，南至章吉营。组成的岩性主要
为上侏罗系张家口组火山岩，第三系汉诺坝玄武岩，次之为前震旦系片麻
岩，上侏罗系九佛堂沉积岩等。由于地壳的急剧上升和强烈的下切作用，
在岩性及构造的控制下，形成了锯齿状及长垣状的山脊，并被沟谷断成不

连续的雄伟的地貌景观。壮年期河谷深切，水系密布，群峰纵横，两壁陡峭的锥状山顶，坡度达 30°~70°。海拔标高 1200~1800m 之间，沟谷多呈 "V" 字或 "U" 字型，玄武岩沟谷两旁多分布风积黄土和洪积堆形，局部地区的沟谷中有沙丘分布。

（2）构造剥蚀地形。分布在内蒙古高原四道川、园山子及其南北附近的丘陵地带，面积甚小呈带状，由上侏罗系张家口组统长面斑岩和石英斑岩所组成，在构造运动稳定的情况下经长期的风化剥蚀而形成了今天的块状山地形，海拔 1700~1900m，相对标高 250m 以上，平均坡度大约在 20° 左右，山坡光秃，山顶平缓呈馒头状，多 "V" 型宽谷，谷地多沼泽。

（3）剥蚀堆积地形。此地貌呈散状分布在东北部、半截塔附近和坝上的内蒙古高原的东南边缘，因第三纪被广阔的玄武岩流所覆盖，地壳长期处于稳定状态，遭受长期的风化剥蚀夷平作用，而形成了波状溶岩高原、山崖丘陵平原和风积丘陵平原。

（4）河谷阶地形。河谷洼地皆受岩性及地质构造轮廓的控制，加上地壳缓慢的升降运动，伊逊河、伊玛图河、小滦河等河谷中由暂时性的洪流从上游带来大量的泥沙，沉积谷底及两岸，在地壳升降运动的影响下，形成了这种地形。

3.1.3 气 候

保护区属于寒温带向中温带过渡、半干旱向半湿润过渡、大陆性季风型山地气候。具有水热同季，冬长夏短、四季分明、昼夜温差大的特征；无霜期 67~128d，年平均气温 -1.4~4.7℃，极端最高气温 38.9℃，极端最低气温 -42.9℃，≥0℃ 的年积温 2180℃，≥10℃ 年积温 1610℃，≥15℃ 年积温 859℃；年均降水量 380~560mm，主要集中在 7、8、9 三个月，占全年降水量的 78%；年均日照时数 2834h，太阳辐射总量年平均 558.4kJ/cm²。年均蒸发量 1462.9~1556.8mm，平均相对湿度 63%；年晴天稳定系数 65%，≥6 级大风日数 27d；地貌以山地为主体，占 80% 以上，有高原丘陵及河谷山地，海拔在 750~1829m 之间。

3.1.4 土 壤

据《围场县土壤志》记载，保护区内土壤可分为 7 个土类，15 个亚类。

（1）棕壤。包括四个亚类即：棕壤、生草棕壤、棕壤性土和草甸棕壤。主要分布在海拔 900m 以上，半湿润具有温凉气候的地方。土壤经较长期的中度淋溶，粘粒形成与移动过程明显，盐基淋溶作用十分活跃，石灰已经淋失，盐基不饱和，呈微酸性反应，pH 值 6～6.5。土色上层为棕色，下层浅灰棕、褐棕。心土层棱块结构明显，结构面覆被多是铁锰酸膜，表层有凋落物与腐殖质层，有机质含量平均 4.76%。

（2）褐土。包括五个亚类即：淋溶褐土、典型褐土、碳酸盐褐土、草甸褐土和褐土性土。主要分布在海拔 800～900m 之间，半干旱、温暖的低山、黄土台地及平川地区。在淋溶条件下，粘粒下移，心土有粘化现象，表层碳酸盐随水下移或侧移，盐基基本饱和。土壤呈微碱性，地下水位低，通气良好，土色以棕、棕褐为主。

（3）风砂土。主要分布在南北川河东岸的迎风坡上。这种土风蚀重、通体沙、发育层次不明显。

（4）草甸土。由于地下水受季节性浸润影响，分布在泡子周围及河岸二洼地上。这种土底土锈纹锈斑较多，土壤较肥沃，有机质含量平均 2.32%。

（5）沼泽土。分布在涝洼地上，由于三价氧化铁还原为二价氧化铁，土粒被染成蓝色，形成蓝色潜育层。

（6）灰色森林土。包括两个亚类，即：灰色森林土亚类和暗灰色森林土亚类。主要分布保护区北部。剖面的主要特征：第一残落物—有机质层，有机质含量平均 3.4%。第二脱钙微酸，土体无石灰反映，pH 值 5.9～6.5。新土较表土稍酸，在湿润还原条件下，铁膜还原下淋，土色退浅，沉基层不明显。第三硅粉层，底土有淡色二氧化硅粉沫，填充砾石与砂砾之间。

（7）黑土。分布在保护区北部，其特点是草原、土黑（草皮—有机质层），暗色过度层（铁膜脱色、腐殖质染色），脱钙微酸性，底层有白色硅粉沫。

3.1.5　水　文

3.1.5.1　水资源类型

主要包括大气降水、地表水、地下水等。

（1）大气降水。保护区多年平均降水量为454.7mm，年降水总量为41.96亿m^3，其中伊逊河流域多年年平均降水量为480mm，年降水总量为11.93亿m^3；伊玛图河流域多年年平均降水为457mm，年降水总量为6.53亿m^3；小滦河流域多年年平均降水为426mm，年降水总量为9.99亿m^3。

（2）地表水。保护区的地表水资源主要来自大气降水，区内主要河流有小滦河、伊玛图河、伊逊河等三条河流，同属滦河水系。该水系多年平均自产径流量3.935亿m^3，折合地表水径流深为63.58mm。

（3）地下水。保护区内地下水总含量为3.030亿m^3，其中伊逊河流域为1.792亿m^3；伊玛图河流域为0.911亿m^3；小滦河为0.327亿m^3。

3.1.5.2 地表水特征

主要包括小滦河、伊玛图河、伊逊河三条河流。

（1）小滦河。系滦河主要支流，发源于塞罕坝机械林场，向南流经御道口牧场和御道口、老窝铺、西龙头乡，由南山嘴乡官地村出境向南流径隆化县半壁山村。上游支流有双岔河、如意河、头道河子。境内全长97km，天然落差730m，流域面积1823.3 km^2。水流清澈，河床狭窄，水深0.8～1m，平均宽3～10m，平均流量3.859m^3/s，最大流量120m^3/s，平均理化蕴藏量13803.64kW，沿河有引水渠道3条，扬水点1处，配套机电井38眼，总蓄水量0.031亿m^3。结冰期自十月中旬至翌年三月下旬，河基为沙卵石，是常年河。

（2）伊玛图河。系滦河主要支流，此河为西北东南走向。有三条支流即：燕格柏川、城子川和孟奎川。流经半截塔、下伙房注入隆化县。境内长62km，流域面积1498 km^2，天然落差467m，水深0.2～0.5m，宽2～10m。平均流量 2.68m^3/s，最大流量 400m^3/s，平均理化蕴藏量6551.4kW，沿河有引水渠道12条，积水潜流1处，扬水点3处，配套机电井189眼，总蓄提引水量0.031亿m^3。结冰期自每年十月中旬至翌年三月中旬。河基为沙卵石，属常年河。

（3）伊逊河。系滦河主要支流，哈里哈乡的翠花宫为其主要发源地，流经棋盘山、龙头山、围场镇、四合永。由四道沟乡横河流入隆化县。境内长度85.5km，天然落差730m，流域面积为2485km^2。平均水深0.2～0.3m，平均流量4.578m^3/s，最大流量为830m^3/s。平均理化蕴藏量

38472.5kW，为常年河。结冰期自十月中旬至翌年三月下旬。沿河有庙宫水库和四个小水库，即：扣花营、黑山口、钓鱼台和二道川水库。

3.1.5.3　地下水特征

主要包括冲击、河谷平原类型。

(1)小滦河冲击平原。小滦河上段，潜水埋藏深度 28m 左右，单井最大涌水量 25 ~ 250m³/d，水质良好，宜人畜饮用，可供大口井、机井开采，井间距宜 300 ~ 400m。桦树林至复兴地和南北长林子至沙脑泊一带玄武岩地区，有广泛的裂隙水，泉水量大，流量 6L/s，一般 0.1 ~ 1L/s。潜水埋藏深度 5m 以下，单井涌水量在 2L/s，水质良好，适宜饮用和灌溉。小滦河以西至元宝山牧场，地下水埋藏在 10m 以下，含水层分布不稳，不易开采，但在局部低洼地区，可找到埋藏浅的地下水。

(2)伊玛图河河谷平原。伊玛图河河谷平原宽 0.5km，潜水层 1 ~ 7m，单井涌水量 250 ~ 500m³/d。水位变化幅度 5 ~ 10m。

(3)伊逊河河谷平原。伊逊河河谷平原宽 1 ~ 0.5km。包括棋盘山、大唤起、小锥子山以下等地，含水层厚 20m 左右，由沙卵石组成，潜水层在 5m 以内。单井最大涌水量 250 ~ 550m³/d。水位变幅 4 ~ 5m，水质好，开采距离以 300m 为宜。

(4)伊玛图河河谷平原。伊玛图河河谷平原宽 0.5km，潜水层 1 ~ 7m，单井涌水量 250 ~ 500m³/d。水位变化幅度 5 ~ 10m。

3.1.6　生物资源

3.1.6.1　植物资源

3.1.6.1.1　植物种类

保护区内降水丰沛，土壤肥力较好，生物多样性丰富。在保护区林间草地中大型真菌分布广泛，蕴藏量高。保护区有大型真菌 24 科 60 种。其中食用真菌 35 种，药用真菌 24 种，有毒真菌 6 种。

保护区内有苔藓植物 34 科 83 属 201 种（含种下分类单位）。其中，苔类含 7 科、8 属、11 种；藓类含 27 科、75 属、175 种、1 亚种、12 变种和 2 变型。保护区苔藓植物占全国苔藓植物总科数的 27.2%、总属数的 12.39%、总种数的 5.83%。

蕨类植物是木兰围场自然保护区内林下和荫湿环境中的重要类群，但其种类组成不甚复杂。根据考察、标本采集和研究鉴定，现知保护区有蕨类植物 12 科 14 属 22 种（其中含 1 变种、1 变型），占河北省蕨类植物总科数的 60%、总属数的 38.89%、总种数的 22.49%。

保护区有野生种子植物 90 科、371 属、793 种（含种下分类单位）。其中裸子植物 3 科、7 属、11 种；被子植物 87 科、364 属、782 种（双子叶植物 76 科、293 属、653 种，单子叶植物 11 科、71 属、129 种）。分布于保护区的中国特有属有 2 属、2 种，即桦木科的虎榛子属（*Ostryopsis*）及菊科的蚂蚱腿子属（*Myripnois*）。

保护区内列为保护植物的共计 22 种。其中，一级保护植物是指已达濒危的种类，主要包括已被列入国家级保护植物的种类。计有 4 种，即：胡桃楸（*Juglans mandshurica*）属胡桃科，为国家三级保护植物；蒙古黄芪（*Astragalus membranaceus* var. *mongolicus*）属豆科，国家三级保护植物，为黄芪（*A. membranaceus*）的变种；野大豆（*Glycine soja*）属豆科，国家三级保护植物，是具有重要价值的农作物种质资源，被认为与栽培大豆有亲缘关系，可与栽培大豆杂交，对大豆的育种、品种改良，特别是在提高抗病性等方面具有重要意义，是宝贵的豆类种质资源；刺五加（*Acanthopanax senticosus*）属五加科，国家三级保护植物，为重要的药用植物。二级保护植物是指稀有种类，列入保护区二级保护植物的计 6 种，即：臭冷杉（*Abies nephrolepis*）、草麻黄（*Ephedra sinica*）、软枣猕猴桃（*Actinidia arguta*）、白鲜（*Dictamnus dasycarpus*）、迎红杜鹃（*Rhododendron mucronulatum*）和穿山薯蓣（*Dioscorea nipponica*）。三级保护植物是指脆弱或受威胁的种类，列入保护区三级保护植物计 12 种。代表种有：大叶藓（*Rhodobryum roseum*）、党参（*Codonopsis pilosula*）、河北乌头（*Aconitum leucostomum* var. *hopeiense*）等。

3.1.6.1.2 植 被

木兰围场自然保护区在河北省植被区划中，属于温带草原地带高原东部森林草原区与暖温带落叶阔叶林地带燕山山地落叶阔叶林温性针叶林区的交接带，该区的典型性植被为草甸草原、针阔混交林及落叶阔叶林。

保护区的植被主要由灌丛、落叶阔叶林、针叶林和亚高山草甸组成。按《中国植被》的植被分类系统，将木兰围场自然保护区的植被分为 4 个植被类型和 26 个群系（表 3-1）。

表 3-1　木兰围场自然保护区植物群落分类系统

植被型 Vegetation type	群系 Formation
针叶林 Coniferus forest	华北落叶松林 *Larix principis-rupprechtii* forest
	油松林 *Pinus tabulaeformis* forest
	樟子松林 *Pinus sylvestris* forest
	杜松林 *Juniperus rigida* forest
	云杉林 *Pinus koraiensis* forest
落叶阔叶林 *Deciduous broad-leaved* forest	蒙古栎林 *Quercus mongolica* forest
	白桦林 *Betula platyphylla* forest
	硕桦林 *Betula costata* forest
	棘皮桦林 *Betula dahurica* forest
	山杨林 *Populus davidiana* forest
落叶阔叶林 *Deciduous broad-leaved* forest	榆树林 *Ulmus* ssp. forest
	核桃楸林 *Juglans mandshurica* forest
	杂木林 Deciduous broad-leaves mixed forest
	柳树林 *Salix* ssp. forest
落叶阔叶灌丛 Deciduous broad-leaved shrubland	山杏灌丛 *Prunus sibirica* shrubland
	杂灌丛 Mixed shrubland
	绣线菊灌丛 *Spiraea teilabata* shrubland
	照山白灌丛 *Rhododendron micranthum* shrubland
	平榛灌丛 *Corylus mandshurica* shrubland
	沙棘灌丛 *Hippophae rhamnoides* shrubland
	柳灌丛 *Salix* ssp. shrubland
亚高山草甸 Meadow	杂类草草甸 Forb meadow
	珠芽蓼 + 细叶苔草草甸 *Polygonum viviparum + Carex rigescens* meadow
	地榆 + 细叶苔草草甸 *Sanguisorba officinalis + Carex rigescens* meadow
	披碱草草甸 *Elymus dahuricus* meadow

（1）针叶林。针叶林是保护区的地带性植被，分布较为广泛，多分布在海拔 900～1800m 之间，大多为人工林。人工纯林结构简单，林下种类较天然林贫乏，群落内物种多样性指数较低，是本地区山地森林景观的基本组成成分，构成了基本的山地森林景观。组成植被的优势种既可以形成

单优群落，如华北落叶松林、油松林、红松林、樟子松林、杜松林等，也可以形成混交林。

（2）落叶阔叶林。落叶阔叶林是保护区的地带性植被，分布最为广泛，是本地区山地森林景观的基本组成成分，构成了基本的山地森林景观。组成植被的优势种既可以形成单优群落，如辽东栎林、棘皮桦林、硕桦林、白桦林、山杨林、核桃楸林等，也可以形成混交林。

（3）落叶阔叶灌丛。由于人为活动的影响，暖温带森林生态系统遭到严重的破坏后，退化为灌草丛。保护区内的灌丛具有类型较多，面积较大，分布较广的特点。

（4）草甸。群落高度为 60～120cm，盖度为 70%～95%，有时可达 100%，组成种类包括地榆、野青茅、委陵菜、歪头菜、野豌豆、披碱草、龙牙草、唐松草、老鹳草、蓬子菜、石竹、柴胡、地榆、苜蓿、蝇子草、唐松草等组成的草原群落。主要草甸类型有杂类草草甸、披碱草＋委陵菜草甸、珠芽蓼＋细叶苔草草甸、地榆＋细叶苔草草甸等。

3.1.6.2 森林资源

（1）森林面积。木兰围场自然保护区总面积 50637.4hm^2。其中林业用地 46071.7hm^2，占 90.98%；非林业用地 4565.7hm^2，占 9.02%；林业用地中，有林地 36106hm^2，占林业用地的 78.37%，灌木林地 1710.1hm^2，占 3.71%，疏林地 790.3hm^2，占 1.72%，未成林 809.5hm^2，占 1.76%，苗圃地 42.3hm^2，占 0.09%；宜林地 6613.5 hm^2，占 14.35%。

（2）森林覆盖率。保护区森林覆盖率 74.7%，其中乔木林覆盖率 71.3%，灌木林覆盖率 3.4%。

（3）森林类型。根据森林资源规划设计调查的结果，木兰围场自然保护区的森林分落叶松林、油松林、杨树林、桦树林、栎树林、云杉林、针阔混交林和阔叶混交林 8 个类型。

（4）森林蓄积。保护区活立木蓄积 2057305m^3，其中林分蓄积 2015755m^3，占总蓄积的 97.98%；疏林蓄积 41550m^3，占 2.02%。

（5）林地特点：

①林分中天然林和以天然林为主的混交林的比例较大，占 82.5%。

②山地林分面积中分布有 40% 的"沙地森林"，这些虽不属沙生的树

种确与沙地共生，树体高大、树型美观、群落表现良好，主要树种包括云杉、油松、落叶松，还有少量山杨、桦树等；河谷中的"沙地森林"，主要树种是白榆，也称沙地白榆，树木数量占80%以上，树体高大、抗逆性强，群落表现良好，特点突出，树龄多达百年以上。滦河上游地区的沙地森林是沙地上的森林主体，这些沙地森林分布在小滦河、伊玛图河、伊逊河等河流的两岸及东面迎风沙坡上。这种沙地森林在保护区周边地区分布也很广泛。沙地森林群落与其他植物群落共同构成了各自不同的群落优势，对于维护区域生态平衡作用重大。

③林分中幼龄林面积占31.3%，抚育任务较大，要努力提高森林经营水平，培育后备资源。

④部分稀疏的植被土地状况为阳坡、沙丘、沙地，由此植被恢复任务较大，要加强植被恢复力度。

3.1.6.3　脊椎动物资源

木兰围场自然保护区优越的自然条件保存了丰富多样的动物资源。动物是保护区复合生态系统中最活跃的组成部分，它们占据着保护区三维空间（地下、地面和空中），以保护区内植物的根、茎、叶、嫩梢、花、果和种子为食。据调查，保护区脊椎动物317种。包括硬骨鱼纲3目4科19属23种，占总种数的7.26%；两栖纲1目3科5种，占总种数的1.58%；爬行纲1目5科8属15种，占总种数的4.73%；鸟纲16目50科119属228种，占总种数的71.92%；哺乳纲6目14科34属46种，占总种数14.51%。

木兰围场自然保护区的野生脊椎动物中，有国家Ⅰ级重点保护动物6种：黑鹳、金雕、白头鹤、大鸨、豹、虎（已灭绝）；国家Ⅱ级重点保护动物39种：大天鹅、鸳鸯、雀鹰、毛脚鵟、秃鹫、白腹鹞、黄爪隼、黑琴鸡、勺鸡、白枕鹤、雕鸮、兔狲、猞猁、原麝、马鹿、黄羊、斑羚等；国家保护的有益的或者有重要经济、科学研究价值的182种：苍鹭、鸿雁、斑嘴鸭、斑翅山鹑、毛腿沙鸡、太平鸟、红尾歌鸲、白眉地鸫、棕眉柳莺、银喉长尾山雀、黑头腊嘴雀、灰眉岩鹀、乌尔猬、岩松鼠、社鼠、狼、猪獾、野猪等；河北省重点保护动物17种：白额燕鸥、普通夜鹰、三宝鸟、星头啄木鸟、楔尾伯劳、黑枕黄鹂、北椋鸟、貉、豹猫等；河北省保护的有益的或者有重要经济、科学研究价值的 63 种：红尾伯劳、黑卷尾、红嘴蓝鹊、蓝点颏、山鹛、白腰朱顶雀、锡嘴雀、黄鼬、艾鼬、岩松鼠等。

木兰围场自然保护鸟类资源丰富。主要经济资源鸟类有 102 种，其中肉用（狩猎）的 43 种，药用的 65 种，观赏的 31 种。有我国特产种类山噪鹛和震旦鸦雀。此外还有 150 余种森林食虫鸟类及一些食鼠鸟类，它们有很大的食虫和食鼠能力，是抑制森林害虫、防止鼠害的中坚力量，在保护森林的生长上起到良好的作用。鸟类是木兰围场自然保护区陆生脊椎动物最为丰富的种类，是保护区重点保护对象之一。

木兰围场自然保护区陆栖脊椎动物季节性的组成，在两栖、爬行和哺乳动物中，冬眠种类 26 种，非冬眠种类 40 种；在鸟类中，夏候鸟 81 种，冬候鸟 9 种，旅鸟 88 种，留鸟 50 种。可见，在木兰围场自然保护区生态系统中，在此进行繁殖的种类达 200 余种，而常年在此进行生命活动的陆生脊椎动物亦达百余种。因此，木兰围场自然保护区季节性物种丰富度指标在我国北方地区是比较高的。

3.1.6.4 昆虫资源

昆虫是森林生物群落的重要组成部分，在森林生态系统的物质转化与能量流动中起着重要作用。研究木兰围场自然保护区内的昆虫种类组成、区系特征，对于保护及利用好现有的昆虫资源、维护保护区的良好生态环境具有重要意义，为开展科学研究与教学、开发利用资源昆虫、发挥保护区的综合效益提供依据。

木兰围场自然保护区处于温带与暖温带交接带，植物资源丰富，植被类型多样，决定了昆虫种类的多样性。早在 1980~1981 年，河北省孟滦国营林场管理局就对其辖区内的 10 个林场进行了森林昆虫普查及害虫天敌的调查。2002~2004 年河北师范大学生命科学学院又进行了详细调查。两次调查结果显示，木兰围场自然保护区昆虫种类比较丰富，类型繁多，已经确定的昆虫达 970 种，隶属 13 目 125 科。其中以鳞翅目、鞘翅目、膜翅目为主，占木兰围场自然保护区昆虫总数的 76.1%。

木兰围场自然保护区天敌昆虫资源十分丰富，已知 149 种，约占总种数的 15.36%，与害虫的效应指数为 1:5.47。天敌昆虫起到了制约有害昆虫发展的作用。

3.1.7　社会经济状况

3.1.7.1　人口数量与民族组成

据 2003 年统计，保护区内的人口达 2256 人，其中满、蒙、回、鲜等少数民族人口占 50.6%。这部分居民以放牧、采集山野资源、耕种部分土地、外出做工为生活来源，对资源保护管理影响不大。对资源保护管理构成潜在影响的是保护区周边的那一大部分人群，是保护管理采取对策提供共管出路的重点。

3.1.7.2　地方经济

保护区所在的围场满族蒙古族自治县总面积 92.19 万 hm²，其中耕地 8.0 万 hm²，占 8.8%；林业用地 47.7 万 hm²，占 51.6%，其中有林地 40.4 万 hm²，森林覆盖率 43.8%；牧业用地 28.6 万 hm²，占 31.0%；其他用地 7.89 万 hm²，占 8.6%。该县是个山区农业大县，同时也是河北省的重点林区。全县人口 51 万人，其中劳动力 18 万人。2003 年县域生产总值 195565 万元，其中第一产业增加值 59813 万元。年财政收入 6000 万元，职工平均工资 8959 元，农民人均纯收入 1508 元。

社区的经济格局是农、林、牧、劳务、运输相结合的格局。社区的农民对土地资源十分珍惜，精耕细作，发展"两高一优"农业。社区对发展林业热情很高，造林绿化速度较快，畜牧业在局部仍是支柱产业，劳务输出已成为热点，交通运输日趋红火，商饮服务更加活跃。2003 年社区农业总产值 19149 万元，其中种植业 5699 万元，占 29.8%；林业 1489 万元，占 7.7%；牧业 11960 万元，占 62.5%。粮食总产量 42773t。人均粮食拥有量 395kg，农民人均纯收入 2196 元。恩格尔系数 59.8%。

3.2　试验地概况

3.2.1　地理位置

试验地就设在木兰围场自然保护区北沟林场（以下简称北沟林场）。场址位于半截塔镇，森林分布在半截塔镇和下伙房乡境内。地理坐标为东经117°27′38″，北纬40°54′33″。场部距围场县城35km，南接隆化县西阿超乡，北和燕格柏乡、道坝子乡接壤，东与黄土坎乡毗邻，西与大头山乡、牌楼乡相接。南北长30km，东西宽25km。

3.2.2 地质地貌

北沟林场位于七老图岭山西侧，属冀北山地，分为中山、低山、谷地。海拔800~1600m之间，色树梁东光顶是全场最高峰，海拔1600m。地势东北高，西南低。阳坡短且陡，土层瘠薄；阴坡缓而长，土层也较厚。森林主要分布在阴坡。全场坡度一般在15°~30°之间，最小坡度为5°，最大坡度为45°。

3.2.3 水　文

伊玛吐河由北向南流经林区。流域年产水量0.39亿 m³，属滦河水系源头。由于林区内森林覆盖率较高，涵养水源的能力强，在维护区域水资源安全与生态安全中发挥着重要作用。

3.2.4 土　壤

林区以壤土为主，沙土次之。母质包括坡积母质、洪积母质、冲积母质、风积母质。阴坡半阴坡土壤厚，生长桦树、山杨、落叶松等乔木，平榛、毛榛、胡枝子等灌木，草本以羊胡草为主；阳坡半阳坡土壤瘠薄，生长油松、柞树等乔木，下层植被以菊科和蒿类植物为主。

3.2.5 生物资源

林区属于温带草原地带高原东部森林草原区与暖温带落叶阔叶林地带燕山山地落叶阔叶林温性针叶林区的交接带，植被主要由灌丛、落叶阔叶林、针叶林组成。区内地貌类型多样，气候多变，蕴藏着丰富的植物资源。据调查，林区内植物天然乔木树种以桦为主，其次是落叶松、油松、山杨、柞树、云杉、五角枫等；人工乔木以华北落叶松为主，其次为油松、樟子松、日本落叶松、河杨等；有观赏价值植物有云杉、油松、五角枫、花楸、红杜鹃、照山白、红瑞木、映山红、荚迷、金露梅、刺五加、绣线菊、花忍冬、锦带花、赤勺、山丹花、黄花、山罂粟、蓝刺头、金莲花等；药用价值植物有 200 余种，珍贵的有黄芩、党参、刺五加、生麻、桔梗、防风、柴胡、苍术、远志、知母、车前子、白头翁等；草本植物以禾本科、菊科、伞形科、十字花科为主。有国家三级保护植物胡桃楸和刺五加。

林区内脊椎动物有兽类 5 目 11 科 25 种，以狍子为优势种，其他有猞猁、狐狸、蒙古兔、花鼠、兔狲、野猪、獾子等；鸟类 12 目 27 科 88 种，比如黑琴鸡、环颈雉、纹腹小鸟、大山雀、北滑晰、斑翅山鹑等。

3.2.6   社会经济状况

北沟林场经营范围在半截塔镇和下伙房乡境内，共 19 个村 180 个居民小组。截至 2009 年底总人口为 21719 人，其中农业人口 20687 人，占总人口的 95%。户均收入达 6500 元，农村居民人均纯收入为 1700 元。年实现农林牧渔业总产值 5804 万元，其中林业产值 90 万元，占总产值的 1.6%。主要公路有国道 111 线；县道半白线，及多条乡村公路，组成了较为完备的交通网络贯穿整个林区，交通条件比较便利；林区有社队耕地 35500 亩，有林地 182575 亩，森林覆被率 32.4%。

3.2.7   北沟林场森林资源概况

根据林管局的要求，所采用的数据：小班面积以 2005 年河北省林业调查规划设计院的二类调查数据为基础，其他因子均采取样带法实地调查，抽样比例不低于 3%。

北沟林场总经营面积 85834 亩，林业用地面积 84940 亩，占总经营面积的 99%，其中有林地面积 75341 亩（表 3-2），森林覆盖率 88%。全场活立木总蓄积 284014m³，林分总蓄积 283598m³。林业用地是专门用于林业生产的土地的总称。有林地面积的高低，是反映林业生产水平的重要参数。北沟林场纯林林地 50020 亩，占林业用地 58.9%，混交林林地 25321 亩，占林业用地 29.8%，二者之和达到林业用地比例的 88.7%，其他林业用地所占比例见表 3-3。

表3-2 北沟林场土地面积统计表(单位：亩)

Tab. 3-2 Land area statistics of North Gully forestry farm

| 单位 | 总面积 | 林地 | | | | | | | | | | | | | 森林覆盖率(%) |
| | | 合计 | 有林地 | | | 疏林地 | 特灌 | 未成林地 | 苗圃地 | 无立木林地 | | | 宜林地 | | |
			合计	纯林	混交林					补造地	重造地	预整地	荒山荒地	宜林沙荒	
北沟林场	85834	84940	75341	50020	25321	3094	235	1808	27	273	56	1331	2507	268	88
北沟营林区	28312	28303	26948	15455	11493	167		664		35	56		433		95.2
东沟营林区	24724	24682	24158	12280	11878	290	25					84	125		97.8
哈叭气营林区	20057	19880	14483	13032	1450	2188	167	726		238		1167	910		73
要路沟营林区	12741	12075	9752	9252	500	449	43	418	27			79	1039	268	77

表3-3 北沟林场林地面积蓄积统计表(单位：亩、m³、%)

Tab. 3-3 Forestland area and cumulation statistics of North Gully forestry farm

| 类型 | | 面积 | 蓄积 | 占有林地(%) | | 占林业用地(%) | |
				面积	蓄积	面积	蓄积
合计		84940	284014	100.0	100.0	100.0	100.0
有林地	纯林	50020	181395	66.4	64.0	58.9	63.9
	混交林	25321	102202	33.6	36.0	29.8	36.0
疏林地		3094	417			3.6	0.1
特灌		235				0.3	
未成林地		1808				2.1	
苗圃地		27					
无立木林地		1660				2.0	
宜林地		2775				3.3	

注：占林业用地蓄积一栏包括有林地蓄积、疏林蓄积以及散生木蓄积。其中，散生木蓄积是指有林地和疏林地以外的活立木蓄积。非林地的散生木蓄积量忽略不计。

全场有林地面积75341亩，林分蓄积量283598m³。按照起源划分，天然林36209亩，占有林地面积的48%，蓄积143953m³，占林分蓄积的51%；人工林面积39132亩，占有林地面积的52%，蓄积139645m³，占林分蓄积的49%。全场活立木总蓄积284014m³，其中天然活立木蓄积144340m³，人工活立木蓄积139674m³。

3.3　典型试验林分基本概况

（1）落叶松桦木混交林试验林地。落叶松桦木针阔混交林位于北沟林场东沟营林区百草沟西岔，海拔 1700m，为人工引针入阔林，密度为 1394 株/hm²，优势树种为落叶松。林分起源为桦木阔叶林，间伐桦木引入落叶松形成针阔混交林，落叶松成为主要树种，其中落叶松林林龄为 26 年左右，白桦林龄为 30 年左右，黑桦为 30 年左右，落叶松与桦木混交林的主要树种基本概况见表 3-4 所示。现在林分主要由 8 个树种组成，其主要树种组成可描述为 5 落（落叶松）2 白（白桦）1 黑（黑桦）1 椴（蒙椴）1 五（五角枫）。其建群种为落叶松和桦木［主要是白桦（*B. platyphylla*）］，伴生树种为黑桦（*Betula ahurica*）、蒙椴（*Tilia mongolica*）、五角枫（*Acer elegantulum*）、花楸（*Sorbus Pohuashanensis*）、山杨（*Populus daviddiana*）、黄花柳（*Salix sinica*），此外还有极少量其他树种，对整个林分的结构研究几乎没有影响。

表 3-4　样地基本情况表

Tab. 3-4　sample area of basic case

森林类别	树种组成	起源	面积（m²）	郁闭度	林层结构
落叶松桦木针阔混交林	5 落 2 白 1 黑 1 椴 1 五	人工林	100×100	0.8	单层
山杨白桦黑桦混交林	4 山 3 白 2 黑 1 糠-蒙	天然林	100×100	0.7	单层
油松蒙古栎混交林	5 蒙 4 油 1 榆-黑	天然林	80×125	0.7	复层

（2）山杨桦木混交林试验林地。山杨桦木混交林位于百草沟东岔阴坡，海拔 1300m，密度为 2060 株/hm²，林分起源为天然次生林，林龄 30 年左右，由 7 个树种组成。山杨、白桦和黑桦是其主要组成树种，其他极少量的树种对研究几乎没有影响。树种组成可描述为 4 山（山杨）3 白（白桦）2 黑（黑桦）1 糠（糠椴）-蒙（蒙古栎）。

（3）油松蒙古栎混交林试验林地。油松蒙古栎混交林位于百草沟东岔阳坡，海拔 1200m，密度为株 1426 株/hm²，林分起源为天然次生林，样地内主要由 6 个树种组成，油松（*Pinus tabuliformis*）、蒙古栎（*Quercus mongolica*）和黑榆（*Ulmus davidiana Planch*）是其主要组成树种，其他极少量的树种对研究几乎没有影响。树种组成可描述为 5 蒙（蒙古栎）4 油（油松）1 榆（黑榆）-黑（黑桦）。

第4章 研究内容与方法

4.1 研究目标和内容

本文在综合分析冀北山区木兰林管局北沟林场区植物区系特征的基础上，选择主要优势树种群落，即三种林分类型，在野外调查和长期定位监测的基础上，野外调查和室内试验相结合，调查其多样性分布规律，以优势树种群落为研究对象，在林木空间信息的基础，从林木个体、种群和群落三个层次，分析优势树种种群的空间分布格局、群落空间结构特征和物种多样性规律，分析和归纳其典型林分类型的林分内部结构特征规律，实现以林分的三大生态效益为目标，揭示冀北山区林分的结构和功能关系，提出理想林分结构，并提出调整建议，为当地林业生产和经营提供理论和实践基础。研究内容主要概括为以下几方面：

(1)通过对三种典型林分类型林分的每木检尺，分析林分的胸径、树高分布特点，并利用 Weibull 分布函数对胸径、树高分布进行拟合。

(2)三种典型林分类型主要林木的分形结构特征。

(3)三种典型林分类型种群空间分布格局。

(4)通过对三种典型林分类型乔灌草种类的调查，分析其物种多样性及其分布规律。

(5)建立基于胸径的林分种群演替规律研究。

(6)根据林分的结构和功能关系，提出理想林分结构，并提出调整建议。

4.2　研究方法

4.2.1　标准地的选择与设置

　　根据冀北山区的森林植被类型的典型代表性，经过现场考察和对比分析，试验区选择在北沟林场，设置 3 块公顷级固定标准地，分别为落叶松桦木混交林、山杨桦木混交林和油松蒙古栎混交林，分别进行标准地指标详细调查。

4.2.2　样地调查内容与方法

　　标准地设定后，首先，对样地边界点（如图 4-1 中的 A、B、C、D 四点）用 GPS 进行定位（注：边界点注释顺序为逆时针记录），钉上标桩，记录后，开始对标准地内的林分进行详细调查。包括样地概况：坡度、坡向、坡位、海拔、林分类型、土壤等。调查的主要内容包括每木检尺、乔-灌-草生物多样性（植物种类、多度、盖度、平均高度、株数、生物量及小生境状况，）、土壤结构和理化性质、乔-灌-草生物量、幼苗更新调查等。

4.2.2.1　乔木每木调查

　　首先在标准样地内用测绳打出小网格，并简单标定小网格的边界点（如图 4-1 中的 A1、B1、C1、D1 四点）。小网格调查路线按照 S 型沿等高线进行，并按调查的先后对网格小样地编号记录。小网格具体尺寸，视样地状况而定，一般为 20m × 20m。

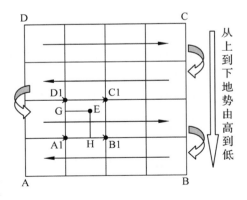

图 4-1　调查路线示意图

Fig. 4-1　Survey route schemes

Surveyroute schemes

　　然后在小网格内对每木进行定位记录，如图 4-1，分别测出每木（如树木 E）到小网格边界的垂直距离 EG、EH，分别记录为 D_1、D_2，将量测数据结果下来，并画每木位置示意图。

（注：在示意图中应对每棵树标注位置和相应的编号，并示意标示出一棵树的 D_1 和 D_2）。

对乔木树种、胸径、树高、枝下高、冠幅、树龄、优势度、层次、起源、损伤、干形质量、树龄和病虫害状况等，进行调查并记录（对于植物名称不确定的种类，应采集标本，拴上标签，写明样地号及标本编号）。

四人一组，两人测胸径和冠幅，并挂牌标记，一人测树高和枝下高，一人记录。调查步骤：

- 胸径的量测：胸径从树高 1.3m 处用胸径尺进行量测，精度要求到 0.1cm。
- 冠幅的量测：指对树木冠层的垂直投影面积，进行东西和南北测定。
- 树高和枝下高量测：利用望远测树仪对树木高度进行量测，枝下高可用标杆量测。
- 优势度按以下编号进行记录：1. 优势木；2. 中庸木；3. 被压木；4. 濒死木；5. 枯立木。
- 起源：1. 植苗实生；2. 播种实生；3. 天然实生（由种子起源）；4. 天然萌生（由根株上萌发）。
- 损伤：1. 无损伤；2. 轻度损伤；3. 中度损伤；4. 重度损伤。
- 干形质量：1. 通直完满；2. 多分枝；3. 二分枝；4. 弯曲（扭曲）。
- 树龄量测：按径阶，选 3~5 株用生长锥量测。
- 病虫害状况：1. 无；2. 轻微；3. 中等；4. 严重。

4.2.2.2 灌木调查

在标准地内，按照坡的垂直和水平方向，分别选择 9 个 20m×20m 的小样方（坡上、坡中、坡下各 3 个），然后，在每个小样方里选取 5 个灌木调查小样方进行量测（合计 45 个灌木小样方），灌木调查小样方 5m×5m 大小，并用测绳标出界线。调查内容有：灌木的种类、高度、地径、生长状况和分布状况等，并将量测的数据记表。（对于植物名称不确定的种类，应采集标本，系上标签，写明样地号及标本编号）。用卷尺对高度进行量测，用游标卡尺对地径进行量测。生长状况：良、中、差。分布状况为：均匀、随机（散生）、群团（丛生）。

4.2.2.3 草本调查

在上述设置的 45 个灌木小样方内,布设三个草本小样方(合计 135 个草本小样方),大小 1m × 1m,用测绳标出界线。调查内容有:草本的种类、高度、生长状况和分布状况等,并将量测的数据记入表格。(对于植物名称不确定的种类,应采集标本,拴上标签,写明样地号及标本编号)。用钢卷尺或游标卡尺对地径进行量测。生长状况为:良、中、差。分布状况为:均匀、随机(散生)、群团(丛生)。

4.2.3 林分胸径、树高分布规律分析方法

在林分中,不同高度的林木的分配状态,称作林分树高结构,亦称林分树高分布。林分虽然高低不一,但会形成一定的高度结构规律。本研究采用 0.5m 为高度级步长对树高结构进行分析。林分直径分布是林分内不同直径林木按径阶的分布状态。林分直径结构是最重要、最基本的林分结构。用 Weibull 分布函数预测和拟合三种林分类型林木胸径和树高分布规律。

Weibull 分布是瑞典的 Weibull 在求算链的强度时,于 1951 年给出的一种分布函数,将其移植到林业领域中来,在研究森林结构等理论中已显示出较大的灵活性与较强的实用性,它的概率密度为:

$$f(x) = \frac{c}{b}\left[\frac{x-a}{b}\right]^{c-1} \exp\left[-\frac{(x-a)}{b}\right]^{c}$$

当 $x \geqslant a$,对 webull 分布的概率密度函数取积分后,其分布函数为:

$$F(x) = 1 - \exp\left[-\left[\frac{(x-a)}{b}\right]^{c}\right]$$

参数经计算后,各径阶理论株数计算式为:

$$n_i = N \times K \times f(x_i)$$

$$f(x_i) = \frac{c}{b}\left[\frac{x_i-a}{b}\right]^{c-1} \exp\left[-\frac{(x_i-a)}{b}\right]^{c}$$

其中:x_i 为径阶,N 为样地总株数,K 为径阶距,n_i 为理论株数。

4.2.4   林木分形结构研究方法

4.2.4.1   冠形分形结构的计算方法

树冠结构是指树冠层中的枝条数量、分枝习性、分枝角度等因子在空间上的分布，它是否具有分形特征，关键在于它是否在各种尺度上表现出自相似性或者统计自相似性，树冠的分形结构包括冠形的分形结构与分枝的分形结构。

对于冠形分形结构的判定方法是采用一种已知的具有多种空间自相似性的数学分形曲线（可以通过不同次重复来得到这些曲线）组合来拟合自然物体的形状，通过计算曲线集的残差来判断统计自相似性的最大连续尺度，这种方法需要有关维度理论的精确经验公式，模拟相对比较困难（谢春华，2002）。一般树冠分维数估算方法有盒维数法、双表面积法及贝氏法等，有研究表明盒维数法应该是求算树冠分维数最理想的方法（李火根等，2005）。因此，本文采用计盒维数的公式进行计算，一般地，如果设 $N(L)$ 为测度指标（如质量、重量、生物量等），L 为度量所采用的尺度指标（如长度、面积、体积等），D 为指数，C 为比例系数（常量），则存在如下关系：

$$N(L) = CL^D \tag{1}$$

一般求算分形维数所采用的方法是在双对数坐标下进行线性回归，拟合的斜率（或其转换结果）即为分形维数值，其计算公式为：

$$\ln N(L) = \ln C + D\ln L \tag{2}$$

则称 D 为分维数，它一般为分数，亦可能取整。$\ln N(L)$ 与 $\ln L$ 存在一种线性的关系，D 为二者形成的直线的斜率，因此，可以用（2）式对所得试验数据进行最小二乘法拟合，便可求得每个事例的分维数 D 及拟合的相关系数（洪伟等，1997；陈辉等，2000）。通常树冠分析资料是用东西、南北冠幅的平均值表示，本文 L 取每一冠幅级的中值，$N(L)$ 取属于该冠幅级的株数出现的频率的累加值（毕晓丽等，2001）。

4.2.4.2   分枝分形结构的计算方法

分枝的分形结构可以通过盒子计数法来统计分析。在每株样树中选取有代表性的枝条作为样本，用 $0.5m \times 0.5m$ 的正方形样框来进行枝条的取样，然后照相，得到枝条纵向状态的二维投影图像。将照片输入计算机内，在 Photoshop 软件下读取不同样地不同树种的分枝照片，并对分枝图进行网格化处理，即对其正方形边长分别进行 2 等分，3 等分，…，20 等分，记录每一等分时的非空格子数，然后计算其计盒维数（马克明，2000a），即：

$$Db = -\lim_{L\to 0} \frac{\log[N(L)]}{\log(L)} \tag{3}$$

式中，L 为不同等分时的边长，而 $N(L)$ 为 L 所对应的非空格子数。在实际应用中，一般不求算当 $\varepsilon \to 0$（格子边长趋于 0）时的极限值，而是在双对数坐标下，对上面获得的一系列成对的非空格子数 $[N(\varepsilon)]$ 和格子边长（ε）值进行直线回归，所得拟合直线斜率的绝对值是分形维数的近似估计。

4.2.5　林分空间结构

以样地调查数据为基础，利用空间结构分析软件 Winkelmass1.0 进行数据处理和分析，分别计算了落叶松和桦木（白桦和黑桦）、山杨桦木阔叶混交林和油松蒙古栎针阔混交林等树种的混交度、大小比数和角尺度，计算时为了消除处于林分边缘树木的系统影响，设置了 5m 缓冲区（样地四边均向内缩进 5m），三种林分的实际计算面积为 8100m^2。同时对不同尺度的林分进行点格局分析，进一步判断林分的格局分布规律和趋势。

4.2.5.1　混交度计算

树种混交度被定义为参照树 i 的 n 株最近相邻木中与参照树不属同种的个体所占的比例，即表明了任意一株树的最近相邻木为其他树种的概率用公式表示为（惠刚盈等，2007）：

$$M_i = \frac{1}{n} \sum_{j=1}^{n} v_{ij}$$

其中，当参照树 i 与第 j 株相邻木同种时，$v_{ij} = 1$；否则 $v_{ij} = 0$。

由于 n 取 4 效果最好，则此式中 $n = 4$。树种混交度（M_i）是描述混交林中树种混交程度的重要空间结构指数，M_i 的 5 种取值，即 0、0.25、0.50、0.75 和 1，对应于混交度的描述为：零度、弱度、中度、强度和极强度混交。它说明在该结构单元中树种的隔离程度，其强度同样以中级为分水岭，生物学意义明显。分树种统计亦可以获得该树种在整个林分中的混交情况。

4.2.5.2 林分大小比数计算

有研究表明(张会儒等，2009)，林木大小差异程度常采用林木的直径分布来表达，但直径分布仅给出了群落内树木个体各径级所占的频率，缺乏空间信息。林分大小比数反映出相邻木与参照树之间的个体优势程度。因此，需要一个能够反映林木个体之间优势程度的指标，我们采用惠刚盈等学者提出的大小比数来表示。大小比数是指胸径、树高或冠幅等指标大于参照树的相邻木占 n 株最近相邻木的株数比例，公式为：

$$U_i = \frac{1}{n} \sum_{j=1}^{n} k_{ij}$$

其中，如果相邻木 j 比参照树 i 小，则 $k_{ij} = 0$ ；否则 $k_{ij} = 1$ ；其中 $n = 4$ 。

可见，大小比数量化了参照树与其相邻木个体之间的优势关系，一个结构单元的 U_i 值越低，比参照树大的相邻木越少，该结构单元参照树的生长越处于优势地位。大小比数(U_i)的 5 种取值，即 0、0.25、0.50、0.75 和 1，对应于参照树在 4 个相邻木中不同的优势程度，即优势、亚优势、中庸、劣态和绝对劣态。

4.2.5.3 角尺度计算

角尺度用来描述相邻树木围绕参照树的均匀性。任意两个邻接最近相邻木的夹角有两个，小角为 a ，最近相邻木均匀分布时的夹角设为标准角 a_0 ，角尺度被定义为 a 角小于标准角 a_0 的个数占所考察的 n 个夹角的比例。表达式为(惠刚盈等，2007)：

$$W_i = \frac{1}{n} \sum_{j=i}^{n} z_{ij}$$

当第 j 个 a 角小于标准角 a_0 ，则 $z_{ij} = 1$ ；否则 $z_{ij} = 0$ ，其中 $n = 4$ 。

角尺度(W_i)的取值对分析参照树周围的相邻木分布状况十分明确。角尺度值的分布，即每种取值的出现频率能反映出林分中林木个体的分布格局。在角尺度的定义中，涉及两个重要标准的确定：标准角的大小和分布判定临界值，两者的大小将影响到分布格局判断的准确性。惠刚盈(2004)指出：标准角的可能取值范围为：$60° \leq a_0 \leq 90°$，研究认为两者的协调平均值即 72° 为标准角的恰当取值，该标准角能使随机分布林分的角尺度均值最接近 0.5，从而与角尺度定义中林木随机分布时角尺度取值为 0.5 相一致。Gadow 和 Hui 研究表明：当 $0.475 \leqslant W \leqslant 0.517$ 时，为随机分布；当 < 0.475 时，为均匀分布；当 $W > 0.517$，为团状分布（Gadow K V, *et al*, 2002），本文据此标准判定林分的空间分布格局。

4.2.6　物种多样性的计算方法

在每个典型森林群落的标准地内在设置的标准地内布设 9 个 $20m \times 20m$ 样方，（论文中第8章表格中样方编号：1、2、3 为坡下样方，4、5、6 为坡中样方，7、8、9 为坡上样方。）每样方内均匀布设 5 个 $5m \times 5m$ 灌木样方，每 $5m \times 5m$ 样方内均匀布设 3 个 $1m \times 1m$ 草本样方，进行草本多样性的调查。野外记录样地中草本层植物种类、多度、盖度、平均高度、株数、生物量及小生境状况，并计测地形因子，包括海拔、坡度、坡向、坡位、坡形。结合野外调查数据并参考其他文献的研究方法（王永繁等，2002），各样地多样性指数的计算公式和计算方法如下：

Shannon-wiener 多样性指数：$H' = -\sum_{i=1}^{s} p_i \ln p_i$

Pielou 均匀度指数：$E = H'/\ln S$

Simpson 多样性指数：$p = 1 - \sum_{i=1}^{s} P_i^{\ 2}$

Menhinick 丰富度指数：$M = \dfrac{S}{\sqrt{N}}$

相对重要值 P_i：$P_i = \dfrac{（相对密度 + 相对频度 + 相对盖度）}{3}$

式中：P_i 为种 i 的相对重要值，S 为样地内的种数，N 为样地内所有种个体数量之和。

4.2.7　典范对应分析方法（CCA）

根据冀北山区的森林植被类型的典型代表性，经过现场考察和对比分析，在木兰围场选取了 12 个典型森林群落作为研究对象，在每个典型森林群落的标准地内再设置 $20m \times 20m$ 样方，每样方内均匀布设 5 个 $5m \times 5m$ 灌木样方，每 $5m \times 5m$ 样方内均匀布设 3 个 $1m \times 1m$ 草本样方，进行草本多样性的调查。野外记录样地中草本层植物种类、多度、盖度、平均高度、株数、生物量及小生境状况，并计测地形因子，包括海拔、坡度、坡向、坡位、坡形。

典范对应分析方法（CCA）是由对应分析相互平均（correspondence analysis P reciprocal averaging，CA/RA）修改而产生的新方法，它把 CA/RA 和多元回归结合起来，每一步计算结果都与环境因子进行回归。CCA 可将研究对象排序和环境因子排序表示在一个图上，可以直观地看出它们之间的关系，环境因子用箭头表示，箭头所处的象限表示环境因子与排序轴之间的正负相关性，箭头连线的长度代表着某个环境因子与研究对象分布相关程度的大小；2 个箭头之间的夹角大小代表着 2 个环境因子之间相关性的大小；箭头和排序轴的夹角代表着某个环境因子与排序轴的相关性大小（Ter Braak，1986，1994）。本研究选取 5 个地形因子作为研究影响样点草本多样性的影响因子，将数据进行数字化处理（表4-1），使用国际通用软件 CANOCO 分析，并用蒙特卡罗拟合（Monte Carlo permutation test）分别检验样点和地形变量之间的相关显著性。根据排序图上样点间的位置关系、样点与地形因子间的位置关系，样点与排序轴间的相关性大小，定量分析影响冀北山区草本植物分布的地形因子（张金屯，2004；张斌等，2009）。

表4-1 样点 CCA 分析所采用的地形因子

Tab. 4-1 The terrain factor of CCA analysis of samples

类别	因子	缩写	取值
地形	海拔 Elevation（km）	Elve	实测值 Measured value
	坡向 Exposure（°）	Expo	实测值 Measured values
	坡度 Slope（°）	Slop	实测值 Measured values
	坡形 Shape	Shap	1、2、3 *
	坡位 Position	Posi	1、2、3、4、5 **

* 坡形值 Shape values：1. 凹 Concave；2. 平 Plain；3. 凸 Convex

* * 坡位值 Position values：1. 谷底 Valley bottom；2. 沟谷侧坡 Side slope near bottom；3. 侧平坡 Side slope；4. 山脊侧坡 Side slope near ridge；5. 顶脊 Peak and ridge

4.2.8 不同密度林分林缘效应研究

在不同密度林分内，采用样带法对林内光照、林下植被及土壤进行调查。已有研究表明，不同程度的植被边缘效应主要发生在距林缘 30m 的范围以内，所以选取样带为垂直于森林边缘 30m×1m 的连续样带。林缘—林内走向为东西走向，森林边缘以乔木树冠的消失为界。每 1m 布设一个样点，采用北京师范大学光电仪器厂生产的测光仪器测定林缘光照度；每个密度设 3 条样带，把每条样带划分为若干个 1m×1m 的样方，记录样方中各草本植物物种种名、盖度、高度、长势、分布、数量等指标，调查草本生物量；每隔 5m 取土壤样品，依据上述所述实验方法，分别测定土壤的物理性质和化学性质。

第 5 章 林木胸径、树高分布规律及预测

植物种群直径结构是种群内部不同年龄的个体数量的分布情况，它预示着植物种群未来盛衰趋势。森林群落建群种主要是乔灌木，它们的直径 – 株数结构代表着由其构成的群落演替阶段和未来发展趋势。林分直径和树高分布是林分结构的基本规律之一，是研究林木及其林种结构的基础（王惠恭，2008）。林分内树木直径分布的状态，直接影响树木的树高、干形、材积、林种及树冠等因子的变化（马友平，2006）。林分内树木树高分布的状态，直接影响林下植被组成、生物量等因子的变化。不论人工林还是天然林，在未遭受严重干扰的情况下，其直径和树高分布状态表现出较为稳定的结构规律性。林分平均直径和胸高断面积大小受林分年龄、密度、立地条件影响较大，其分布规律能够直接和间接反映出在不同状态下的林分和林分径阶生产力大小（王惠恭，2008；惠淑荣，2003；韩东锋，2008）。在林分生长过程中，树高和直径分布遵循一定的变化规律，研究直径分布可以预测不同径阶林木株数，为森林抚育间伐、设计间伐方案、评估林分经济效益等提供科学依据（惠淑荣，2003；王秀云，2004；孟宪宇，1988）。因此，本文利用 Weibull 分布密度函数对冀北山区几种典型林分类型林木胸径、树高分布规律进行拟合，并分析其分布特征数，为今后制定科学的森林经营方案提供理论依据。

5.1 林木胸径和树高结构分布规律

5.1.1 林木胸径结构规律

对标准地内的胸径大于 5cm 的乔木进行每木检尺，并以 1cm 为径阶步长统计（表 5-1）。

表5-1　标准地各径阶株数分布

Tab. 5-1　Each diameter order number distribution of samples

胸径径阶（cm）	落叶松桦木针阔混交林	山杨桦木阔叶混交林	油松蒙古栎混交林
5.0～5.9	100	163	98
6.0～6.9	111	246	122
7.0～7.9	150	288	90
8.0～8.9	113	269	90
9.0～9.9	103	242	83
10.0～10.9	89	196	90
11.0～11.9	78	146	99
12.0～12.9	99	138	118
13.0～13.9	115	117	91
14.0～14.9	105	85	98
15.0～15.9	98	78	77
16.0～16.9	88	45	57
17.0～17.9	63	29	49
18.0～18.9	73	18	46
19.0～19.9	42	9	40
20.0～20.9	31	5	35
21.0～21.9	21	5	27
22.0～22.9	7	0	28
23.0～23.9	8	0	19
24.0～24.9	4	0	9
25.0～25.9	3	0	8
26.0～26.9	2	0	5
27.0～27.9	1	0	8
28.0～28.9	0	0	5
>29.0	0	0	39
合计	1504	2079	1431

5.1.2 林分树高结构规律

对标准地内胸径大于 5cm，树高大于 1m 的林木进行每木检尺，以 0.5m 为高间距统计每段高度内的林木株数。结果见表 5-2。

表 5-2 标准地各树高间距株数分布表

Tab. 5-2 The number of trees height space of samlples

树高间距	落叶松桦木针阔混交林	山杨桦木阔叶混交林	油松蒙古栎混交林
1.0 ~ 1.5	2	1	1
1.5 ~ 2.0	1	1	4
2.0 ~ 2.5	1	1	16
2.5 ~ 3.0	1	1	19
3.0 ~ 3.5	1	1	63
3.5 ~ 4.0	3	2	66
4.0 ~ 4.5	2	3	125
4.5 ~ 5.0	10	19	124
5.0 ~ 5.5	28	44	117
5.5 ~ 6.0	20	56	105
6.0 ~ 6.5	43	61	109
6.5 ~ 7.0	41	87	88
7.0 ~ 7.5	75	130	91
7.5 ~ 8.0	60	158	68
8.0 ~ 8.5	69	200	71
8.5 ~ 9.0	90	229	49
9.0 ~ 9.5	101	353	80
9.5 ~ 10.0	91	364	64
10.0 ~ 10.5	108	179	49
10.5 ~ 11.0	86	107	33
11.0 ~ 11.5	138	34	29
11.5 ~ 12.0	110	18	17
12.0 ~ 12.5	104	15	11
12.5 ~ 13.0	80	10	4

（续）

树高间距	落叶松桦木针阔混交林	山杨桦木阔叶混交林	油松蒙古栎混交林
13.0 ~ 13.5	66	2	9
13.5 ~ 14.0	79	2	1
14.0 ~ 14.5	43	1	4
14.5 ~ 15.0	22	0	1
15.0 ~ 15.5	15	0	3
15.5 ~ 16.0	7	0	1
16.0 ~ 16.5	1	0	4
16.5 ~ 17.0	1	0	1
17.0 ~ 17.5	2	0	1
17.5 ~ 18.0	1	0	1
18.0 ~ 18.5	1	0	1
18.5 ~ 19.0	1	0	1
共计	1504	2079	1431

注：后一个区间值为本区间数据。

5.2　Weibull 分布函数介绍与求解

5.2.1　林木胸径 Weibull 分布函数介绍

Weibull 分布是瑞典的 Weibull 在求算链的强度时，于 1951 年给出的一种分布函数，将其移植到林业领域中来，在研究森林结构等理论中已显示出较大的灵活性与较强的实用性，它的概率密度为：

$$f(x) = \frac{c}{b} \left[\frac{x-a}{b} \right]^{c-1} \exp \left[-\frac{(x-a)}{b} \right]^{c}$$

当 $x \geq a$，对 webull 分布的概率密度函数取积分后，其分布函数为：

$$F(x) = 1 - \exp \left[-\left[\frac{(x-a)}{b} \right]^{c} \right]$$

参数经计算后，各径阶理论株数计算式为：

$$n_i = N \times K \times f(x_i)$$

$$f(x_i) = \frac{c}{b} \left[\frac{x_i - a}{b} \right]^{c-1} \exp \left[-\left(\frac{x_i - a}{b} \right)^c \right]$$

其中：x_i 为径阶，N 为样地总株数，K 为径阶距，n_i 为理论株数。

Weibull 分布的三个参数，其中 $a \geq 0$ 为位置参数，在研究林木胸径分布时一般取最小径阶的下限；$b > 0$ 为尺度参数，$C > 0$ 为形状参数，这可以认为是采用 Weibull 分布研究森林结构规律比传统的正态分布有更强的灵活性与实用性的原因。若 Weibull 分布取参数 $a = 0$，则三参数 Weibull 分布变成了二参数 Weibull 分布。尺度参数 b 不过像正态分布那样，只是一个整体尺度参数而已。只有 c 才是 Weibull 分布中具有实质意义的参数 $c < 1$ 呈倒 J 形，$1 < c < 3.6$ 呈正偏山状分布，$c = 3.6$ 近于正态分布，$c > 3.6$ 呈负偏山状分布。基于 Weibull 分布适用范围广，本文用其拟合落叶松桦木混交林、山杨桦木混交林和油松蒙古栎混交林的林木胸径分布。

本文采用了最大似然法求解 Weibull 分布三参数 a（位置参数）、c（形状参数）、b（尺度参数），结果见表 5-3。

表 5-3　标准地参数计算值

Tab. 5-3　Parameters are calculate value of samples

参数	落叶松桦木针阔混交林	山杨桦木阔叶混交林	油松蒙古栎针阔混交林
a	5.0	5.0	5.0
b	8.0	5.5	8.0
c	1.3	1.4	1.3

5.2.2　林分树高 Weibull 分布函数的拟合

在理论上，若树高（H）与胸径（D）之间存在 $H = \alpha D^{\beta}$ 关系，当林分胸径分布规律遵从 Weibull 分布函数时，则群落树高分布也遵从 Weibull 分布：

当 $f(D) = \left(\frac{c}{b} \right) \left(\frac{D}{b} \right)^{c-1} \exp \left[-\left(\frac{D}{b} \right)^c \right]$

若 $H = \alpha D^{\beta}$，则对上式求积分，得

$$F(H) = 1 - \exp \left[-\left(\frac{H}{\alpha b^{\beta}} \right)^{\frac{c}{\beta}} \right]$$

令 $B = \alpha b^{\beta}$，$C = \dfrac{c}{\beta}$，则上式可写成：

$$F(H) = 1 - \exp\left[-\left(\frac{H}{B}\right)^{c} \right]$$

说明林木树高 H 遵从 Weibull 分布。

本文采用 Weibull7 + + 可靠性分析软件中的 Weibull 参数计算功能，计算 Weibull 分布函数的最大似然参数值，其位置参数为 A，尺度参数为 B，形状参数为 C，计算结果见表 5-4 所示：

表5-4　标准地树高分布参数

Tab. 5-4　Tree height parameters distribution of samples

参数	落叶松桦木针阔混交林	山杨桦木阔叶混交林	油松蒙古栎混交林
A	0. 1675	2. 3351	1. 4688
B	11. 5413	7. 3824	6. 4431
C	4. 3521	5. 5281	2. 2051
相关系数	0. 9683	0. 9653	0. 9512

5.2.3　树高、胸径 Weibull 分布函数的预测

在 Weibull 函数中，直径的变化是由 a，b，c 三参数决定的，当位置参数 $a = 5$ 被给定后，直径的变化就完全取决于形状参数 c 和尺度参数 b 的变化上。由于已经导出参数 b 和 c 与所取径阶的关系以及树高和胸径之间的 Weibull 分布关系，因此就可以把所求的参数带入胸径和树高的 Weibull 分布函数以得出胸径和树高的分布预测，这种方法叫做参数预估法。预测结果见表 5-5 和 5-6。为检验预测的准确性，本文分别对胸径和树高的实测值和预测值进行卡方检验，所得结果表明预测值的偏差均小于 0. 05 的临界值，说明预测结果是可信的。通过对三种不同林分组成的分析，求出决定树高、胸径分布的 Weibull 参数从而建立了落叶松桦木混交林、山杨桦木混交异龄林和油松蒙古栎混交林的预测树高、胸径的 Weibull 分布函数模型，以此来达到预测具有相同或相近生境林分树高和胸径的目的，可为指导森林经营管理提供参考。

表 5-5　样地胸径的实测与 Weibull 函数预测结果

Tab. 5-5　Diameter at breast height and Weibull function prediction results measured of samples

胸径径阶（cm）	径阶中值	样地 1		样地 2		样地 3	
		实测株数	预测株数	实测株数	预测株数	实测株数	预测株数
5.0~5.9	5.5	100	104	163	179	98	98
6.0~6.9	6.5	111	133	246	260	122	125
7.0~7.9	7.5	150	139	288	277	90	131
8.0~8.9	8.5	113	136	269	264	90	128
9.0~9.9	9.5	103	129	242	235	83	121
10.0~10.9	10.5	89	119	196	200	90	112
11.0~11.9	11.5	78	108	146	164	99	101
12.0~12.9	12.5	99	96	138	130	118	100
13.0~13.9	13.5	115	85	117	101	91	80
14.0~14.9	14.5	105	74	85	76	98	70
15.0~15.9	15.5	98	64	78	67	77	60
16.0~16.9	16.5	88	55	45	41	57	52
17.0~17.9	17.5	63	47	29	29	49	44
18.0~18.9	18.5	73	40	18	21	46	38
19.0~19.9	19.5	42	34	9	14	40	32
20.0~20.9	20.5	31	28	5	10	35	27
21.0~21.9	21.5	21	24	5	7	27	22
22.0~22.9	22.5	7	20	0	0	28	18
23.0~23.9	23.5	8	16	0	0	19	15
24.0~24.9	24.5	4	13	0	0	9	12
25.0~25.9	25.5	3	11	0	0	8	10
26.0~26.9	26.5	2	9	0	0	5	8
27.0~27.9	27.5	1	7	0	0	8	7
28.0~28.9	28.5	0	0	0	0	5	6
>29.0	30	0	0	0	0	39	4
总株数		1504	1492	2079	2077	1431	1420

注1：样地1为落叶松桦木混交林，样地2为山杨桦木混交林，样地3为油松蒙古栎混交林。

表 5-6　样地树高的实测与 Weibull 函数预测结果

Tab. 5-6　Height of tree with Weibull function prediction results measured of samples

树高范围 （m）	样地 1		样地 2		样地 3	
	实测株数	预测株数	实测株数	预测株数	实测株数	预测株数
1.0 ~ 1.5	2	0	1	0	1	9
1.5 ~ 2.0	1	0	1	3	4	25
2.0 ~ 2.5	1	1	1	11	16	41
2.5 ~ 3.0	1	2	1	29	19	56
3.0 ~ 3.5	1	3	1	60	63	69
3.5 ~ 4.0	3	6	2	105	66	79
4.0 ~ 4.5	2	9	3	162	125	87
4.5 ~ 5.0	10	13	19	225	124	93
5.0 ~ 5.5	28	18	44	279	117	95
5.5 ~ 6.0	20	24	56	307	105	96
6.0 ~ 6.5	43	31	61	298	109	94
6.5 ~ 7.0	41	40	87	249	88	90
7.0 ~ 7.5	75	49	130	177	91	85
7.5 ~ 8.0	60	59	158	103	68	78
8.0 ~ 8.5	69	70	200	48	71	71
8.5 ~ 9.0	90	80	229	18	49	63
9.0 ~ 9.5	101	89	353	5	80	55
9.5 ~ 10.0	91	97	364	1	64	47
10.0 ~ 10.5	108	103	179	0	49	40
10.5 ~ 11.0	86	107	107	0	33	34
11.0 ~ 11.5	138	107	34	0	29	28
11.5 ~ 12.0	110	104	18	0	17	22
12.0 ~ 12.5	104	97	15	0	11	18
12.5 ~ 13.0	80	88	10	0	4	14
13.0 ~ 13.5	66	77	2	0	9	11
13.5 ~ 14.0	79	64	2	0	1	8
14.0 ~ 14.5	43	51	1	0	4	6
14.5 ~ 15.0	22	39	0	0	1	5

（续）

树高范围 （m）	样地 1		样地 2		样地 3	
	实测株数	预测株数	实测株数	预测株数	实测株数	预测株数
15.0 ~ 15.5	15	28	0	0	3	3
15.5 ~ 16.0	7	19	0	0	1	2
16.0 ~ 16.5	1	12	0	0	4	2
16.5 ~ 17.0	1	8	0	0	1	1
17.0 ~ 17.5	2	4	0	0	1	1
17.5 ~ 18.0	1	0	0	0	1	1
18.0 ~ 18.5	1	0	0	0	1	0
18.5 ~ 19.0	1	0	0	0	1	0
总株数	1504	·1500	2079	2079	1431	1430

注1：样地1为落叶松桦木混交林，样地2为山杨桦木混交林，样地3为油松蒙古栎混交林。

注2：第一列树高范围后一个区间值为本区间数据。

5.3　Weibull 分布拟合林木胸径和树高的分布规律

5.3.1　胸径分布规律

5.3.1.1　用 Weibull 分布拟合落叶松桦木林林木胸径分布

　　由图 5-1 可以看出：落叶松桦木混交林的胸径分布规律的实测值曲线与函数中三个参数的 Weibull 分布的预测值曲线拟合度不高，实测数据形成了明显的双峰曲线规律，而预测值呈单峰曲线，相对平滑。其原因可能是因为群落内不同树种和林龄的差异使得胸径呈

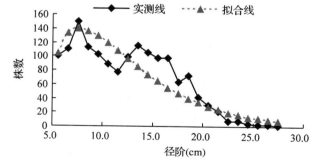

图 5-1　落叶松桦木混交林胸径拟合图

Fig. 5-1　Diameter breast height fitting map of
Larix principis-rupprechtii + *Betula* ssp. mixed forest

现出多样性变化趋势，但在一定范围内仍符合 Weibull 分布。

5.3.1.2　用 Weibull 分布拟合山杨桦木林林木胸径分布

由图 5-2 可以看出：山杨桦木阔叶混交林的林木胸径分布规律里的实测数据曲线与函数中三个参数的 Weibull 分布的预测值曲线拟合度比较高，为具有正偏的曲线图。实测值符合 Weibull 分布，可用此参数条件下的 Weibull 公式对相同立地条件的林分进行预测。

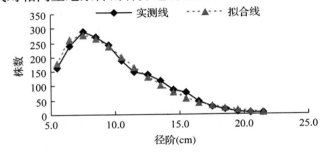

图5-2　山杨桦木混交林胸径拟合图

Fig. 5-2　Diameter breast height fitting map of *Populus davidiana* + *Betula* ssp. mixed forest

5.3.1.3　用 Weibull 分布拟合油松蒙古栎林林木胸径分布

由图 5-3 可以看出：油松蒙古栎针阔混交林的林木胸径实测数据曲线与函数中三个参数的 Weibull 分布的预测值曲线拟合度不高，具有明显的偏锋，但是对于林木胸径在 13～15cm 以上的树种拟合度非常好。其原因可能是与树种组成和林龄结构不同造成的，树种生长特性差别较大的群落拟合度往往较低。

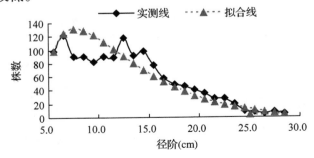

图5-3　油松蒙古栎混交林胸径拟合图

Fig. 5-3　Diameter breast height fitting map of the gaps of *Pinus tabulaeformis* + *Quercus mongolica* mixed forest

5.3.2 树高分布规律

5.3.2.1 树高用 Weibull 分布拟合落叶松桦木林林木树高分布

由图 5-4 可知，落叶松桦木混交林的树高分布曲线的实测值和理论值的拟合度较高，为典型的单峰曲线山状曲线，具有相同的变化规律。说明在此参数下的 Weibull 函数对此群落预测效果良好，可以对相同立地条件下的相似群落进行预测。

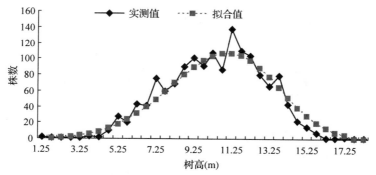

图 5-4 落叶松桦木混交林树高拟合图

Fig. 5-4　Height of tree fitting map of *Larix principis-rupprechtii* + *Betula* ssp. mixed forest

5.3.2.2 用 Weibull 分布拟合山杨桦木林林木树高分布

由图 5-5 可知：山杨桦木阔叶混交林的树高分布曲线的实测值和理论值的拟合度较高，为典型的单峰左偏型曲线，具有相同的变化规律。

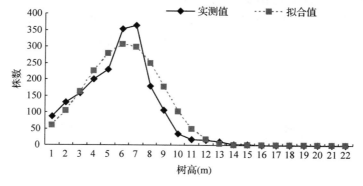

图 5-5 山杨桦木混交林树高拟合图

Fig. 5-5　Height of tree fitting map of *Populus davidiana* + *Betula* ssp. mixed forest

5.3.2.3 用 Weibull 分布拟合油松蒙古栎林林木树高分布

由图 5-6 可知：油松蒙古栎针阔交林树高分布曲线的部分拟合度较高，具有相同变化趋势，但实测值为双峰山状曲线，而拟合值则不明显。主要是因为样地中林分的不同生长规律造成的，不同树种会呈现出不同的树高分布规律。

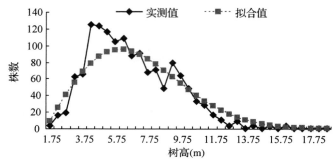

图 5-6   油松蒙古栎针混交林树高拟合图

Fig. 5-6   Height of tree fitting map of the gaps of *Pinus tabulaeformis* + *Quercus mongolica* mixed forest

5.3.3   树高与胸径分布的关系

通过数据分析和研究结果表明，Weibull 分布函数具有很好的灵活性和适应性，能较好的拟合树高分布曲线。林木高和胸径之间存在着密切的相关关系。通过计算得出胸径和树高 Weibull 分布函数之间的关系，在树高 Weibull 分布函数中，其位置参数为 A，尺度参数为 B，形状参数为 C，与胸径 Weibull 分布函数中的 a 位置参数、b 尺度参数，c 形状参数存在着密切关系，即

$$B = \alpha b^{\beta} , \ C = \frac{c}{\beta}$$

式中，α，β 分别为 $H = \alpha D^{\beta}$ 树高幂函数方程中的两个参数。

5.4   小   结

试验区内落叶松桦木针阔混交林、油松蒙古栎混交林 3 块标准地的用

Weibull 分布函数拟合胸径误差较大，山杨桦木阔叶混交林内 Weibull 分布函数拟合效果最好。树高分布基本上也遵从三参数 Weibull 分布。Weibull 分布函数在预测林龄较大的天然异龄混交林时预测结果会出现偏差，主要是有树种生长特性和林分结构特征因素造成的。试验区油松蒙古栎针阔混交林因树种生长特性和结构特征原因，三参数的 Weibull 分布拟合效果较差，但是在 13 ~ 15 年生以上林木拟合效果较好。在综合了林分胸径分布规律，树高分布规律，胸径与树高分布的关系基础上，可以看出林分平均树高和林分年龄变化规律存在重要联系，可为编制地位级和森林经营提供理论依据。

第6章 林木分形结构特征

分形几何理论是美国著名数学家 Mandelbrot 在前人研究工作基础上，丰富和发展起来的，它用来描述非常不规则以至不适宜视为经典几何研究的对象，透过混乱现象和不规则构型揭示隐藏于现象背后的局部与整体的本质联系和运动规律（封磊，2003）。如今，分形理论已广泛应用于自然科学、社会科学中，成为研究无特征尺度却在组织结构上有着自相似性质体系的理论工具。分形理论已开始应用于生物学（Fielding A，1992；Gunnarsson B，1992），生态学（马克明，2000b；谢春华，2002；李火根，2005）领域中，解释了很多现象，并解决了一些实际问题。

树体的分枝结构和树冠的形体结构都是较为典型的分数维体，难以用经典（欧氏）几何学对其进行准确的描述和定量分析（叶万辉，1993）。树冠的分形维数反映了叶片对树冠空间的填充程度（Zeide B，1991）和树冠空间占据程度以及利用生态空间的能力，进而揭示树木的生长对策和适应机理（马克明，2000a）。总体上来讲，分形理论刻画景观格局方面的研究较多，一般是将分形维数作为指示景观斑块边界复杂程度和尺度变化的参数（Richard G，1991；With K A，1994），但群落、种群、植冠和分枝格局的研究开展得较少（高峻，2004；彭辉，2010）。本文细致解析了冀北山地典型林分类型中优势树种的树冠分维结构，进一步阐释分形维数的生态学意义，实现对树木分枝格局的定量化描述，为揭示树木生长对策和适应机理提供理论依据。

6.1 树冠结构的模拟

为了便于比较不同胸径大小的同一树种冠形分布，在此对树冠进行相对冠高的处理。将不同年龄大小的样树的树冠长度分成 10 等份，通过实地测量得出每一等份处的平均冠宽，结果如图 6-1、图 6-2、图 6-3 所示。

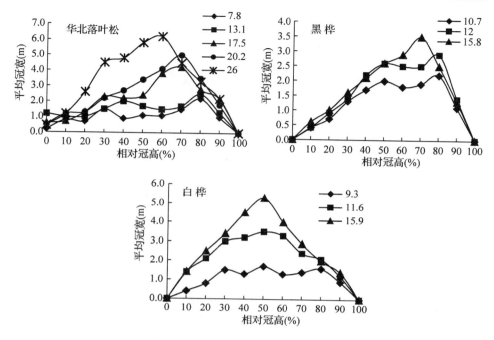

图 6-1　落叶松桦木混交林不同树种不同胸径的冠形分布

Fig. 6-1　Different species and diameter breast height the crown distribution

form of *Larix principis-rupprechtii* + *Betula* ssp. mixed forest

　　从图 6-1 可知，落叶松桦木混交林的主要树种为华北落叶松、白桦、黑桦，其冠形存在差异，且相同树种不同年龄个体间也存在差异，但同一树种树冠最宽处存在比较相似的分布。由图 6-1 可知，华北落叶松的树冠最宽处处于中上部（相对冠高的 60%～80%），白桦的树冠最宽处处于中部（相对冠高的 50%），黑桦则基本处于上部（相对冠高的 70%～80%）。此外，不同树种在树龄小时均表现为冠宽变化缓慢，随着树龄的增大，冠宽变化明显。主要原因是：树龄小时，树木还未达到郁闭，树木外光照均匀；而到达一定树龄后，树木达到郁闭状态，最宽处以下的枝条受光减弱，从而发生自然整枝现象，这也导致随着树龄的增大，树冠最宽处处于相对较低的高度。

　　从图 6-2 可知，山杨桦木混交林中的白桦、黑桦、山杨、糠椴的冠形存在差异，且相同树种不同年龄个体间也存在差异，但同一树种树冠最宽

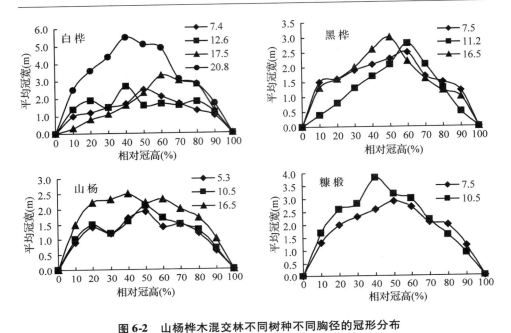

图6-2　山杨桦木混交林不同树种不同胸径的冠形分布

Fig. 6-2　Different species and diameter breast height the crown distribution

form of *Populus davidiana* + *Betula* ssp. mixed forest

处存在比较相似的分布。其中，白桦的树冠最宽处处于中部左右（相对冠高的40%~60%），黑桦的树冠最宽处处于中部偏上（相对冠高的50%~60%），山杨和糠椴则基本都处于中部偏下（相对冠高的40%~50%）。

此外，由图6-1、图6-2可知，两种不同混交林中的白桦、黑桦的树冠最宽处有所差异，即落叶松桦木混交林中白桦的树冠最宽处处于中部（相对冠高的50%处），山杨桦木林中的白桦则处于中部左右（相对冠高的40%~60%）；前者中的黑桦树冠最宽处处于上部（相对冠高的70%~80%），而后者则处于中部偏上（相对冠高的50%~60%）。产生的原因主要与混交林的树种组成有关，导致树种间的竞争不同，从而使得同一树种在不同混交林中表现出的树冠最宽处位置有所差异。

从图6-3可知，油松蒙古栎混交林的主要树种为油松、蒙古栎，其冠形存在差异，且相同树种不同年龄个体间也存在差异，但同一树种树冠最宽处存在比较相似的分布。其中，油松的树冠最宽处处于中下部（相对冠

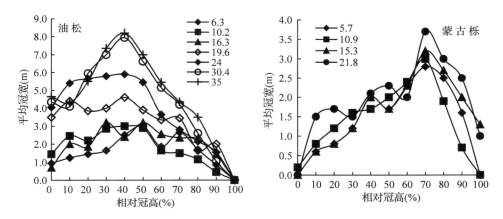

图6-3 油松蒙古栎混交林不同树种不同胸径的冠形分布

Fig. 6-3　Different species and diameter breast height the crown distribution

form of *Pinus tabulaeformis* + *Quercus mongolica* mixed forest

高的30%~50%），且由于油松侧枝倾角在90°左右，所以在相对冠高0%处具有一定的冠宽。而蒙古栎的树冠最宽处基本都处于上部（相对冠高的70%处），且树龄较大的蒙古栎在相对冠高100%处仍有一定的冠宽，这是因为随着蒙古栎的不断生长，因风蚀或病虫害等导致其主干有一定的折损，使得侧枝不断向上生长，呈现一定的平顶现象。

6.2 树冠分形分布

6.2.1 不同树种的冠形分形特征

利用最小二乘法计算得到三块样地不同树种的树冠分形维数（表6-2）。冠幅的分形维数反映了树冠的空间占据状态，就林木个体而言，不同树种的正常树冠结构不同，针、阔叶树的冠形存在明显差异，其形成机制与植物的遗传和生理因素密切相关。理论上说，树木分形维数越高，表明该树木向不同方向伸展得越充分，利用空间能力越强，占据空间的能力就越大。其中，在落叶松桦木混交林中，华北落叶松的分形维数（1.690）>白桦（0.997）>黑桦（1.257），在油松蒙古栎混交林中，油松的分形维数（1.371）>蒙古栎（0.765），即两混交林中的针叶树冠幅分形维数均大于同样地中阔叶树的分维数，这充分反映了针叶树的树冠生长状态，即针叶树树冠的填充程度相对较高，而阔叶树相对较低。此外，此外，在山杨桦木混交林中，白桦与糠椴、黑桦与山杨的分形维数有接近的趋势，这表明，在相同的环境条件下，排除了激烈的竞争外，不同树种的种群可能具有相近的空间占据能力，这可能是树木对所处环境的一种生理生态适应性。

表6-2　不同树种冠幅分形维数

Tab. 6-2　Different species of canopy widths fractal dimension

样地类型	树种	方程	分形维数	相关系数(R^2)	显著性(Sig.)
落叶松桦木混交林	华北落叶松	$N = 0.044L^{1.69}$	1.690	0.8783	0.0017
	白桦	$N = 0.146L^{0.997}$	0.997	0.8908	0.0036
	黑桦	$N = 0.105L^{1.257}$	1.257	0.8507	0.0011
山杨桦木混交林	白桦	$N = 0.157L^{1.149}$	1.149	0.8546	0.0154
	黑桦	$N = 0.313L^{0.77}$	0.770	0.9240	0.0197
	山杨	$N = 0.251L^{0.782}$	0.782	0.8119	0.0010
	糠椴	$N = 0.191L^{1.202}$	1.202	0.8726	0.0395
油松蒙古栎混交林	油松	$N = 0.072L^{1.371}$	1.371	0.8812	0.0001
	蒙古栎	$N = 0.288L^{0.765}$	0.765	0.8869	0.0106

6.2.2　不同混交林分白桦、黑桦种群冠幅分形维数比较

对于同一树木群落而言，由于受到自身、种间、种内关系及来自环境的多种因素的综合作用，其分形现象也存在一定的差异性。见表6-2所示，落叶松桦木混交林中白桦分形维数(0.997)与山杨桦木混交林(1.149)相差不多，说明两混交林分中白桦的生长环境基本相似，种间竞争也较良好。而两混交林中黑桦冠幅的分形维数却相差很大，其中前者为1.257，而后者为0.770，这与其所处的具体的物理、生物环境有关。其中，落叶松桦木混交林中黑桦种群冠幅多在1.5~5.5之间，山杨桦木混交林中黑桦种群冠幅多在1.5~4.0之间，相对而言，后者中黑桦的冠幅长度较小。调查表明，落叶松桦木混交林中黑桦种群林龄较小，正处于生长旺盛期，枝条能利用空间资源，较高的分形维数可定量的表明：落叶松桦木混交林中黑桦种群生长情况明显优于山杨桦木混交林。由此可见，模拟冠幅的分形

分析方法能很好地揭示树木种群在水平方向上的空间分布格局规律（毕晓丽，等，2001）。

6.3 侧枝及倾角分布规律

6.3.1 侧枝分布规律

对不同混交林分不同胸径样木的侧枝数量、长度、倾斜角度、着生部位高度及其在 8 个方位上的数量分布进行测量，通过统计各个方位的侧枝数量，得到不同树种不同胸径的侧枝方位分布状态（表6-3、表6-4、表6-5）。表中所列的 χ^2 值为利用假定：$\chi^2 = （实测值 - 理论值）^2 /理论值$。假定各侧枝在每个方位上均匀分布，在各方位出现枝数的概率即为理论频数（其值 12.5）。在每个方位上如果 $\chi^2 > \chi_{0.05}^2 = 3.84$ 时，则认为差异显著；而总体 $\chi^2(7) > 14.067$ 时，则认为侧枝在各方位上的分布是不均匀的。由表6-3 可知，不同胸径年龄的华北落叶松侧枝在各个方向的分布状态不同，其中，胸径13.1 的落叶松在各方向上符合均匀分布，总体也符合均匀分布，胸径17.5 及胸径26 的树木在大多数方向上符合均匀分布，而其他胸径的侧枝在各个方向上则不符合均匀分布。这可能是由于林龄小时，林木未达到郁闭，各方向均生长旺盛，枝条呈现出均匀生长的状态。而随着树龄增长，林木达到郁闭，且会出现一定的病虫害，导致有的方向侧枝折损或见光不好而脱落，使得侧枝呈不均匀分布。此外，不同胸径的白桦在各方位上均为不均匀分布，而胸径15.8 的黑桦在绝大多数方位上为均匀分布，其余树龄的黑桦在各方位上均为不均匀分布。

由表6-4 可知，山杨桦木混交林由山杨、白桦、黑桦、糠椴 4 种阔叶树种组成，这四种树木在不同胸径时侧枝在大多数方位上均为 $\chi^2 > \chi_{0.05}^2 = 3.84$，说明在不同方位上差异显著，即在各个方位上侧枝数量呈不均匀分布。此外，四种树木在不同胸径时总体均有 $\chi^2(7) > 14.067$，则认为侧枝在各方位上的分布是不均匀的。产生的原因：与树种本身的遗传性状有关，此外，与光照方位也有很大关系，由表6-4 亦可看出，4 种林木在东、西方位上的枝条数量相对较少，这是否与光照方位有关还有待以后进一步的研究证实。

　　由表6-5可知，油松蒙古栎混交林由油松及蒙古栎针阔树种组成，其中不同胸径的油松在大多数方位上的 $\chi^2 < \chi^2_{0.05} = 3.84$，说明在各个方位上差异不显著，即在各个方向上符合均匀分布；从不同胸径样木分枝的总体来看，均有 $\chi^2(7) < 14.067$，即侧枝在各方位上的分布符合均匀分布，这很大程度上由其遗传性状所决定；而胸径 10.9 的蒙古栎在七个方位上均有 $\chi^2 < \chi^2_{0.05} = 3.84$，即服从均匀分布，而在其他胸径时大多数方位的 $\chi^2 > \chi^2_{0.05} = 3.84$，即在各个方向上为不均匀分布，在光照的影响下，其在东西方位的侧枝数量也相对较少。

表6-3　落叶松桦木混交林不同树种侧枝在各方位上均匀分布的 χ^2 检验

Tab 6-3　Different species collateral throne evenly distribute in all the χ^2 inspection of *Larix principis-rupprechtii* + *Betula* ssp. mixed forest

	胸径（cm）	指标	方位								总计
			E	SE	S	SW	W	NW	N	NE	
华北落叶松	7.8	侧枝数量	3	5	16	10	1	10	11	11	67
		相对数量	4.48	7.46	23.88	14.93	1.49	14.93	16.42	16.42	100
		χ^2	5.15*	2.03	10.36*	0.47	9.69*	0.47	1.23	1.23	30.63*
	13.1	侧枝数量	14	11	5	10	16	14	9	18	97
		相对数量	14.43	11.34	5.15	10.31	16.49	14.43	9.28	18.56	100
		χ^2	0.30	0.11	4.32*	0.38	1.28	0.30	0.83	2.93	10.45
	17.5	侧枝数量	11	18	9	26	6	11	2	10	93
		相对数量	11.83	19.35	9.68	27.96	6.45	11.83	2.15	10.75	100
		χ^2	0.04	3.76	0.64	19.11*	2.93	0.04	8.57*	0.24	35.32*
	20.2	侧枝数量	9	40	7	26	5	23	6	35	151
		相对数量	5.96	26.49	4.64	17.22	3.31	15.23	3.97	23.18	100
		χ^2	3.42	15.66*	4.95*	1.78	6.75*	0.60	5.82*	9.12*	48.10*
	26.0	侧枝数量	10	24	18	20	4	13	13	18	120
		相对数量	8.33	20.00	15.00	16.67	3.33	10.83	10.83	15.00	100
		χ^2	1.39	4.50*	0.50	1.39	6.72*	0.22	0.22	0.50	15.44*

（续）

胸径(cm)	指标	方位								总计
		E	SE	S	SW	W	NW	N	NE	
白桦 9.3	侧枝数量	1	0	2	0	5	2	0	1	11
	相对数量	9.09	0.00	18.18	0.00	45.45	18.18	0.00	9.09	100
	χ^2	0.93	12.50*	2.58	12.50*	86.88*	2.58	12.50*	0.93	131.40*
11.6	侧枝数量	1	16	2	10	0	7	1	7	44
	相对数量	2.27	36.36	4.55	22.73	0.00	15.91	2.27	15.91	100
	χ^2	8.37*	45.56*	5.06*	8.37*	12.50*	0.93	8.37*	0.93	90.08*
15.9	侧枝数量	0	13	1	2	0	3	3	11	33
	相对数量	0.00	39.39	3.03	6.06	0.00	9.09	9.09	33.33	100
	χ^2	12.50*	57.86*	7.17*	3.32	12.50*	0.93	0.93	34.72*	129.94*
黑桦 10.7	侧枝数量	1	6	2	4	3	1	2	3	22
	相对数量	4.55	27.27	9.09	18.18	13.64	4.55	9.09	13.64	100
	χ^2	5.06*	17.46*	0.93	2.58	0.10	5.06*	0.93	0.10	32.23*
12.0	侧枝数量	2	9	1	7	2	3	0	7	31
	相对数量	6.45	29.03	3.23	22.58	6.45	9.68	0.00	22.58	100
	χ^2	2.93	21.87*	6.88*	8.13*	2.93	0.64	12.50*	8.13*	64.00*
15.8	侧枝数量	3	1	0	1	3	3	3	3	17
	相对数量	17.65	5.88	0.00	5.88	17.65	17.65	17.65	17.65	100
	χ^2	2.12	3.50	12.50*	3.50	2.12	2.12	2.12	2.12	30.10*

表6-4 山杨桦木混交林不同树种侧枝在各方位上均匀分布的 χ^2 检验

Tab. 6-4 Different species collateral throne evenly distribute in all the χ^2 inspection of *Populus davidiana* + *Betula* ssp. mixed forest

胸径(cm)	指标	方位								总计
		E	SE	S	SW	W	NW	N	NE	
白桦 7.4	侧枝数量	0	10	1	6	0	6	3	9	35
	相对数量	0.00	28.57	2.86	17.14	0.00	17.14	8.57	25.71	100
	χ^2	12.50*	20.66*	7.44*	1.72	12.50*	1.72	1.23	13.97*	71.76*

（续）

胸径（cm）	指标	方位								总计
		E	SE	S	SW	W	NW	N	NE	
白桦										
12.6	侧枝数量	1	11	2	10	1	13	1	9	48
	相对数量	2.08	22.92	4.17	20.83	2.08	27.08	2.08	18.75	100
	χ^2	8.68*	8.68*	5.56*	5.56*	8.68*	17.01*	8.68*	3.13	65.97*
17.5	侧枝数量	7	1	7	7	0	4	7	3	36
	相对数量	19.44	2.78	19.44	19.44	0.00	11.11	19.44	8.33	100
	χ^2	3.86*	7.56*	3.86*	3.86*	12.50*	0.15	3.86*	1.39	37.04*
20.8	侧枝数量	1	11	4	12	3	10	4	10	55
	相对数量	1.82	20.00	7.27	21.82	5.45	18.18	7.27	18.18	100
	χ^2	9.13*	4.50*	2.19	6.95*	3.97*	2.58	2.19	2.58	34.08*
黑桦										
7.5	侧枝数量	4	4	6	2	1	0	4	2	23
	相对数量	17.39	17.39	26.09	8.70	4.35	0.00	17.39	8.70	100
	χ^2	1.91	1.91	14.77*	1.16	5.32*	12.50*	1.91	1.16	40.64*
11.2	侧枝数量	0	0	0	4	1	6	3	3	17
	相对数量	0.00	0.00	0.00	23.53	5.88	35.29	17.65	17.65	100
	χ^2	12.50*	12.50*	12.50*	9.73*	3.50	41.57*	2.12	2.12	96.54*
16.5	侧枝数量	0	2	0	6	0	9	0	6	23
	相对数量	0.00	8.70	0.00	26.09	0.00	39.13	0.00	26.09	100
	χ^2	12.50*	1.16	12.50*	14.77*	12.50*	56.73*	12.50*	14.77*	137.4*
山杨										
5.3	侧枝数量	1	2	0	0	1	1	2	5	12
	相对数量	8.33	16.67	0.00	0.00	8.33	8.33	16.67	41.67	100
	χ^2	1.39	1.39	12.50*	12.50*	1.39	1.39	1.39	68.06*	100.0*
10.5	侧枝数量	0	2	1	3	0	8	0	8	22
	相对数量	0.00	9.09	4.55	13.64	0.00	36.36	0.00	36.36	100
	χ^2	12.50*	0.93	5.06*	0.10	12.50*	45.56*	12.50*	45.56*	134.7*
16.5	侧枝数量	2	2	5	1	2	2	5	4	23
	相对数量	8.70	8.70	21.74	4.35	8.70	8.70	21.74	17.39	100
	χ^2	1.16	1.16	6.83*	5.32*	1.16	1.16	6.83*	1.91	25.52*

（续）

	胸径(cm)	指标	方位								总计
			E	SE	S	SW	W	NW	N	NE	
糠椴	7.5	侧枝数量	1	0	1	4	3	2	1	2	14
		相对数量	7.14	0.00	7.14	28.57	21.43	14.29	7.14	14.29	100
		χ^2	2.30	12.50*	2.30	20.66*	6.38*	0.26	2.30	0.26	46.94*
	10.5	侧枝数量	3	7	3	2	1	5	1	7	29
		相对数量	10.34	24.14	10.34	6.90	3.45	17.24	3.45	24.14	100
		χ^2	0.37	10.84*	0.37	2.51	6.55*	1.80	6.55*	10.84*	39.83*

表 6-5　油松蒙古栎混交林不同树种侧枝在各方位上均匀分布的 χ^2 检验

Tab. 6-5　Different species collateral throne evenly distribute in all the χ^2 inspection of *Pinus tabulaeformis* + *Quercus mongolica* mixed forest

	胸径(cm)	指标	方位								总计
			E	SE	S	SW	W	NW	N	NE	
油松	6.3	侧枝数量	4	11	8	8	5	10	4	6	56
		相对数量	7.41	20.37	14.81	14.81	9.26	18.52	7.41	11.11	104
		χ^2	2.07	4.96*	0.43	0.43	0.84	2.90	2.07	0.15	13.85
	10.2	侧枝数量	9	12	10	8	6	11	8	7	71
		相对数量	12.68	16.90	14.08	11.27	8.45	15.49	11.27	9.86	100
		χ^2	0.00	1.55	0.20	0.12	1.31	0.72	0.12	0.56	4.58
	16.3	侧枝数量	15	19	13	13	5	13	17	6	101
		相对数量	14.85	18.81	12.87	12.87	4.95	12.87	16.83	5.94	100
		χ^2	0.44	3.19	0.01	0.01	4.56*	0.01	1.50	3.44	13.17
	19.6	侧枝数量	6	9	11	14	6	10	7	5	68
		相对数量	8.82	13.24	16.18	20.59	8.82	14.71	10.29	7.35	100
		χ^2	1.08	0.04	1.08	5.23*	1.08	0.39	0.39	2.12	11.42
	24.0	侧枝数量	8	13	12	10	8	13	15	14	93
		相对数量	8.60	13.98	12.90	10.75	8.60	13.98	16.13	15.05	100
		χ^2	1.22	0.17	0.01	0.24	1.22	0.17	1.05	0.52	4.61

（续）

	胸径 （cm）	指标	方位								总计
			E	SE	S	SW	W	NW	N	NE	
油松	30.4	侧枝数量	11	16	14	27	15	19	12	10	124
		相对数量	8.87	12.90	11.29	21.77	12.10	15.32	9.68	8.06	100
		χ^2	1.05	0.01	0.12	6.88 *	0.01	0.64	0.64	1.57	10.93
	35.0	侧枝数量	13	8	12	16	10	19	16	17	111
		相对数量	11.71	7.21	10.81	14.41	9.01	17.12	14.41	15.32	100
		χ^2	0.05	2.24	0.23	0.29	0.97	1.71	0.29	0.63	6.42
蒙古栎	5.7	侧枝数量	2	3	2	2	1	7	3	8	28
		相对数量	7.14	10.71	7.14	7.14	3.57	25.00	10.71	28.57	100
		χ^2	2.30	0.26	2.30	2.30	6.38 *	12.50	0.26	20.66	46.94
	10.9	侧枝数量	2	3	1	1	1	4	2	3	17
		相对数量	11.76	17.65	5.88	5.88	5.88	23.53	11.76	17.65	100
		χ^2	0.04	2.12	3.50	3.50	3.50	9.73 *	0.04	2.12	24.57
	15.3	侧枝数量	0	5	2	6	0	3	0	3	19
		相对数量	0.00	26.32	10.53	31.58	0.00	15.79	0.00	15.79	100
		χ^2	12.50	15.27	0.31	29.12	12.50	0.87	12.50	0.87	83.93
	21.8	侧枝数量	3	1	6	5	3	1	4	4	27
		相对数量	11.11	3.70	22.22	18.52	11.11	3.70	14.81	14.81	100
		χ^2	0.15	6.19 *	7.56 *	2.90	0.15	6.19 *	0.43	0.43	24.01

6.3.2　侧枝倾角分布规律

在每株样树中选取 3 ~ 5 个代表枝，用量角器量取侧枝的倾角。为了便于将不同树种不同胸径林木的侧枝倾角进行比较，将倾角以相差 5° 为一区间进行统计，结果如图 6-4、图 6-5、图 6-6 所示。

由图 6-4 可知，不同树种及同一树种不同胸径的倾角分布都有所差异。其中，不同胸径的华北落叶松侧枝倾角范围 40° ~ 135°，主要分布在 70° ~ 110° 之间，随树龄增大，倾角主要集中在 85° ~ 95° 之间，这说明华北落叶松随树龄增大侧枝基本呈水平状态分布。不同胸径的白桦侧枝倾角范围 25° ~ 90°，且随着树龄增大，倾角也随之增大，这说明随着树龄增大，侧

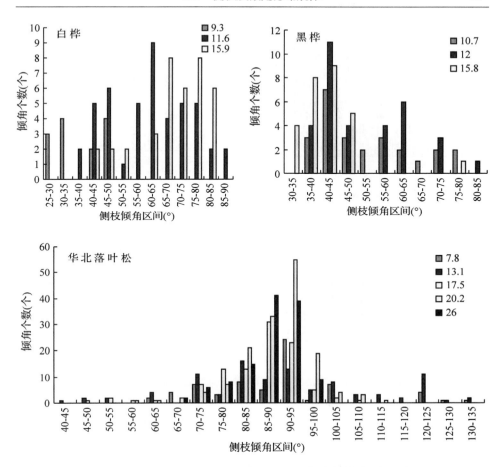

图 6-4 落叶松桦木混交林不同树种不同胸径的侧枝倾角分布

Fig. 6-4 Different species and diameter breast height Collateral obliquity distribution of *Larix principis-rupprechtii* + *Betula* ssp. mixed forest

枝向上生长的趋势减弱，而黑桦倾角则主要分布在 35°~65° 之间。

由图 6-5 可知，山杨桦木混交林中白桦的侧枝倾角主要分布在 45°~85°；黑桦主要分布在 30°~65°；山杨林龄小与林龄大时主要分布在 40°~55°，中间状态的分布在 60°~80°；糠椴也有很明显的分布情况，林龄小时分布在 40°~55°，随后分布在 55°~85°，这充分说明随着林龄增大，枝条向上生长的趋势减弱，且树木枝条重量也相应增大，在重量作用下倾角逐渐加大。

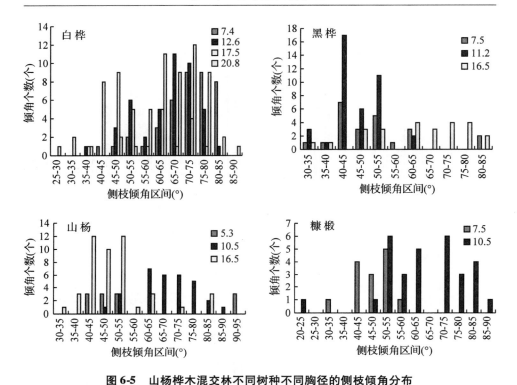

图6-5　山杨桦木混交林不同树种不同胸径的侧枝倾角分布

Fig. 6-5　Different species and diameter breast height Collateral obliquity

distribution of *Populus davidiana* + *Betula* ssp. mixed forest

　　此外，由图6-4、图6-5可知，两混交林分的白桦倾角分布规律也不尽相同，可能的原因是与样地本身的树种组成不同，导致种间竞争不同，山杨桦木混交林树种均为阔叶树，为了获得更多的阳光、空气等资源，白桦向上生长的趋势增加，倾角相对较小，这也是对环境的一种适应性表现。

　　由图6-6可知，油松蒙古栎混交林由油松、蒙古栎针阔树种混交组成，其中，不同胸径的油松侧枝倾角分布范围45°～135°，在80°～105°之间各个胸径的油松均有分布，随着林龄的增大，在90°～95°区间的倾角数量逐渐增多，这说明随着林龄的增大，侧枝主要呈水平分布。不同胸径的蒙古栎倾角则在45°～90°均有分布，随着林龄的增大，倾角主要集中在60°～70°之间。

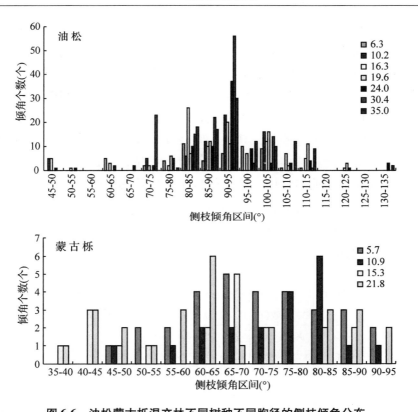

图 6-6　油松蒙古栎混交林不同树种不同胸径的侧枝倾角分布

Fig. 6-6　Different species and diameter breast height Collateral obliquity
distribution of *Pinus tabulaeformis* + *Quercus mongolica* mixed forest

6.4　侧枝分形格局

6.4.1　不同树种的侧枝分形特征

采用网格覆盖法，通过计盒维数公式计算得到三块样地不同树种分枝格局的分形维数（表6-6）。通过该表可以看出，不同树种的侧枝分维数不同，且同一树种在不同样地所得分维数也都有所差异。但对于同一样地中的同一树种而言，虽然胸径大小不同，但相互间差异不显著，相关系数均在0.95以上，由此可见尽管同一树种各枝条分枝结构形状不一，大小不等，但是也都存在着自相似性特性，分形维数独立于尺度，正好刻画了各枝条分枝格局的自相似共性。由表 6-6 可知，蒙古栎枝条的分维数较高为1.816～1.848，其次为华北落叶松（1.757～1.788）、油松（1.710～1.747），最小的为落叶松桦木混交林中的黑桦（1.430～1.519），说明蒙古栎分枝结构较复杂，落叶松桦木混交林中的黑桦分枝结构则较简单。调查发现，蒙古栎在生长过程中，其主干侧枝在生长十几厘米处便又分为两个枝条分别生长，使其结构趋于复杂化。由此可见，通过计盒维数法分析树木分枝格局能很好地揭示树木枝条的自相似性及其结构的复杂程度。

表 6-6　不同树种分枝格局的分形维数

Tab. 6-6　Fractal dimensions of branching patterns of different species

样地类型	树种	指　标							平均值
落叶松桦木混交林	华北落叶松	胸径(cm)	7.8	13.1	17.5	20.2	26		
		计盒维数(D)	1.769	1.757	1.772	1.788	1.774		1.772
		相关系数(R)	0.969	0.954	0.959	0.968	0.956		0.961
	白桦	胸径(cm)	9.3	11.6	15.9				
		计盒维数(D)	1.565	1.500	1.620				1.562
		相关系数(R)	0.957	0.940	0.979				0.959
	黑桦	胸径(cm)	10.7	12	15.8				
		计盒维数(D)	1.430	1.479	1.519				1.476
		相关系数(R)	0.952	0.960	0.953				0.955
山杨桦木混交林	白桦	胸径(cm)	7.4	12.6	17.5	20.8			
		计盒维数(D)	1.620	1.691	1.684	1.647			1.661
		相关系数(R)	0.947	0.950	0.972	0.930			0.950
	黑桦	胸径(cm)	7.5	11.2	16.5				
		计盒维数(D)	1.689	1.698	1.635				1.674
		相关系数(R)	0.947	0.955	0.948				0.950
	山杨	胸径(cm)	5.3	10.5	16.5				
		计盒维数(D)	1.559	1.579	1.584				1.574
		相关系数(R)	0.966	0.954	0.953				0.958
	糠椴	胸径(cm)	7.5	10.5					
		计盒维数(D)	1.622	1.642					1.632
		相关系数(R)	0.947	0.959					0.953

（续）

样地类型	树种	指　标								平均值
油松蒙古栎混交林	油松	胸径(cm)	6.3	10.2	16.3	19.6	24	30.4	35	
		计盒维数(D)	1.730	1.723	1.713	1.740	1.710	1.747	1.720	1.726
		相关系数(R)	0.973	0.982	0.972	0.970	0.968	0.954	0.959	0.968
	蒙古栎	胸径(cm)	5.7	10.9	15.3	21.8				
		计盒维数(D)	1.816	1.838	1.830	1.848				1.833
		相关系数(R)	0.957	0.952	0.974	0.932				0.954

6.4.2　不同混交林分白桦、黑桦种群侧枝分形维数比较

树木分枝结构不仅与自身遗传密切相关，而且还与所处的生长环境、种内、种间竞争有很大关系。由表6-6可知，落叶松桦木混交林中白桦枝条平均分维数(1.772)与山杨桦木混交林(1.661)相差不多，说明两混交林分中白桦的生长环境基本相似，表现出较相似的分枝结构。而两混交林中黑桦枝条的分形维数却相差很大，其中前者为1.430~1.519，而后者为1.635~1.698，这与其所处的具体的物理、生物环境有关。调查表明，落叶松桦木混交林中黑桦种群林龄较小，正处于生长旺盛期，相对而言，分枝格局没有山杨桦木混交林中的枝条复杂。

6.5　小　结

（1）三种混交林分中不同树种的冠形存在差异，且相同树种不同年龄个体间也存在差异，但同一树种树冠最宽处存在比较相似的分布。华北落叶松的树冠最宽处处于中上部（相对冠高的60%~80%），油松的树冠最宽处处于中下部（相对冠高的30%~50%处），且在相对冠高0%处具有一定的冠宽，山杨和糠椴则基本都处于中部偏下（相对冠高的40%~50%），蒙古栎的树冠最宽处则基本都处于上部（相对冠高的70%处），且树龄较大的蒙古栎在相对冠高100%出仍有一定的冠宽。落叶松桦木混交林中白桦的树冠最宽处处于中部（相对冠高的50%处），黑桦则基本处于上部（相对冠高的70%~80%），但是山杨桦木混交林中白桦的树冠最宽处处于中部

左右（相对冠高的40%~60%），黑桦的树冠最宽处处于中部偏上（相对冠高的50%~60%处）。可见，两混交林分中的白桦、黑桦的树冠最宽处存在一定的差异，产生的原因主要与样地的树种组成不同，导致树种间的竞争不同，从而使得同一树种在不同林分表现出的树冠最宽处位置有所差异。

　　（2）分形维数是表征植物空间占据能力的有力工具，能够真实反映树木生长的实际情况、空间占据能力。分形维数高，则表明物种占据空间的能力强，物种能更好地利用资源，在与其他物种的竞争中处于优势地位（封磊等，2003）。其中，华北落叶松的分形维数（1.690）与油松的分形维数（1.371）均大于同混交林中其他树种（白桦、黑桦、蒙古栎）分维数，即针叶树冠幅分形维数均大于同样地中阔叶树的分维数，这充分反映了针叶树的树冠生长状态，即针叶树树冠的填充程度相对较高，而阔叶树相对较低。此外，山杨桦木混交林中白桦、黑桦、山杨、糠椴的分形维数有接近的趋势，这表明，在相同的环境条件下，排除了激烈的竞争外，不同物种的种群可能具有相近的空间占据能力，这可能是植物对所处环境的一种生理生态适应性。另外，落叶松桦木混交林与山杨桦木混交林中白桦分形维数相差不多，说明两种林分中白桦的生长环境基本相似，种间竞争也较良好。而两种混交林分中黑桦冠幅的分形维数却相差很大，前者分维数（1.257）＞后者（0.770），这与其所处的具体的物理、生物环境有关。调查表明，落叶松桦木混交林中黑桦种群冠幅长度相对较大，且种群林龄较小，正处于生长旺盛期，枝条伸展充分，能有效的利用阳光、空气等资源。由此可见，模拟冠幅的分形分析方法能很好地揭示树木种群在水平方向上的空间分布格局规律（毕晓丽等，2001）。

　　（3）三种混交林分中不同树种的侧枝在各方向上分布规律不同，其中，不同胸径的油松在各个方向上均符合均匀分布；从不同胸径样木分枝的总体来看，也符合均匀分布。落叶松桦木混交林中的白桦及山杨桦木混交林中的白桦、黑桦、山杨、糠椴在不同胸径时侧枝在各个方向上均为不均匀分布。此外，华北落叶松在胸径13.1时各方向上符合均匀分布，总体也符合均匀分布，胸径17.5及胸径26时在大多数方向上符合均匀分布，而其他胸径的侧枝在各个方向上则不符合均匀分布；落叶松桦木混交林中的黑桦在胸径15.8时绝大多数方向上为均匀分布，其余树龄的黑桦在各方向上均为不均匀分布；蒙古栎在胸径 10.9 时在各个方向呈均匀分布，而在其他胸径时则为不均匀分布，在光照的影响下，东西方向的侧枝数量均少于其他方向。

（4）三种混交林中不同树种的侧枝倾角分布规律有所差异，这是树种本身的遗传性质及外界环境共同作用的结果。其中，不同胸径的华北落叶松侧枝倾角主要分布在 70°~110°之间，油松倾角主要分布在 80°~105°之间，随着林龄增大，倾角主要集中在 85°~95°，即说明两种针叶树种随林龄增大，侧枝基本呈水平状态分布。落叶松桦木混交林中的白桦侧枝倾角范围 25°~90°，且随着林龄增大，倾角也随之增大，这说明随着林龄增大，侧枝向上生长的趋势减弱，而山杨桦木混交林中白桦则主要分布在 45°~85°，产生差异的原因可能与样地本身的树种组成有关，山杨桦木混交林由阔叶树种组成，为了获得更多的阳光、空气等资源，白桦向上生长的趋势增加，倾角相对较小，这也是对环境的一种适应性表现。黑桦倾角主要分布在 30°~65°，山杨林龄小与林龄大时主要分布在 40°~55°，中间林龄的分布在 60°~80°；糠椴也有很明显的分布情况，林龄小时分布在 40°~55°，随后分布在 55°~85°，这充分说明随着林龄增大，枝条向上生长的趋势减弱，且树木枝条重量也相应增大，在重量作用下倾角逐渐加大。不同胸径的蒙古栎倾角则在 45°~90°均有分布，随着林龄的增大，倾角主要集中在 60°~70°之间。

（5）三种混交林中不同树种枝条分维数不同，其中蒙古栎枝条的分维数平均值较高为 1.833，其次为华北落叶松（1.772）、油松（1.726），最小的为落叶松桦木混交林中的黑桦（1.476），说明蒙古栎分枝结构较复杂，落叶松桦木混交林中的黑桦分枝结构较简单。尽管同一样地同一树种侧枝形状大小各异，但相互间差异不显著，相关系数均在 0.95 以上，分形维数独立于尺度，正好刻画了各枝条分枝格局的自相似共性。另外，落叶松桦木混交林中白桦枝条平均分维数（1.772）与山杨桦木混交林（1.661）相差不多，表现出较相似的分枝结构；而两混交林中黑桦枝条的平均分维数却相差很大，其中前者为 1.476，而后者为 1.674，这与其所处的具体的物理、生物环境有关。调查表明，落叶松桦木混交林中黑桦种群林龄较小，正处于生长旺盛期，相对而言，分枝格局没有山杨桦木混交林中的枝条复杂。

第7章 林分种群空间分布格局分析

森林空间结构是影响森林功能发挥的重要因素，合理的林分结构是充分发挥森林多种功能的基础。林分的直径结构、树种组成和林木间的空间位置与林分的结构和功能有着很大的关系。森林的空间结构是林分的重要特征，对于描述林分状态及其改变有特别重要的意义（Gadow K V，1997）。因为即使具有相同频率分布的林分也可能具有不同的空间结构，从而表现出不同的生态稳定性（惠刚盈，2001a）。

林分空间结构是指林木在林地上的分布格局及其属性在空间上的排列方式，也就是林木之间树种、大小、分布等空间关系，是与林木空间距离有关的林分结构（汤孟平，2004）。林分空间结构决定了树木之间的竞争势及其空间生态位，它在很大程度上决定了林分的稳定性、发展的可能性和经营空间大小（惠刚盈，2001b）。林分空间结构包括多个方面，但一般从三个主要方面描述（雷相东，2002；惠刚盈，2001a），树种空间隔离程度，即混交、林木个体大小分化程度（即竞争）、林木个体在水平面上的分布形式（即林木空间分布格局）。如何科学合理地利用采伐来优化林分的空间结构，一直是森林经营者努力研究的问题（胡艳波，2006）。对森林结构的合理描述是制定森林经营方案的有效手段。

本研究以3块公顷级固定样地调查数据为基础，通过混交度、大小比数和角尺度以及点格局方法分析了林分的空间结构特征，旨在为森林经营和管理提供依据。

7.1 落叶松桦木混交林种群空间分布格局

7.1.1 林分主要树种特征值

落叶松桦木混交林中主要组成树种的特征值由表7-1可得，白桦虽然为原始建群树种但随着生产经营活动其主体地位逐渐被落叶松所取代，落叶松的密度为 653 株/hm^2 重要值为 0.33，远大于白桦的密度 228 株/hm^2 和重要值 0.14。从断面积来看，落叶松为 9.39m^2/hm^2，白桦为 2.68m^2/hm^2，黑桦为 2.32m^2/hm^2，落叶松也成为林分中主要的蓄积树种。落叶松与桦木等阔叶树种混交，空间利用合理，林木生长较好。

表 7-1　落叶松桦木混交林主要树种特征值

Tab. 7-1　Main forest species eigenvalues of *Larix principis-rupprechtii* + *Betula* ssp. mixed forest

树种	株数		重要值	断面积
	株/hm^2	%		（m^2/hm^2）
落叶松	653	44.2	0.33	9.39
黑桦	194	13.1	0.14	2.32
蒙椴	192	13.0	0.13	2.95
白桦	228	15.4	0.14	2.68
五角枫	94	6.4	0.08	1.44
花楸	64	4.3	0.07	0.62
山杨	27	1.8	.05	0.35
黄花柳	26	1.8	0.05	0.30

7.1.2　林分混交度分析

林分平均混交度受混交树种所占比例影响，因此，通常采用树种混交度，即分树种计算混交度。所以用平均混交度表达林分混交程度时必须指明各树种的混交比例（Füeldner K. Struk，1995）。冀北山区落叶松桦木混交林设置样地面积为 100m × 100m，计算空间结构参数时的计算面积分别为8100m^2。落叶松桦木混交林的混交度频率分布由图 7-1 可以看出，林分的整体混交程度良好，以中度混交和强度混交所占比例较大。由表 7-2 可得，落叶松混交度分布 $M_i = 0$ 较少为 0.09，弱度，中度和强度混交分别为0.23、0.29、0.22，极强度混交为 0.16，平均混交度为 0.54。落叶松混交程度以中度和强度混交为主，株间与行间混交明显，混交程度良好。白桦，黑桦，蒙椴作为三种主要的阔叶树种其各项混交概率均表现为中间大两头小的情况，以中度和强度混交为主。其他伴生树种的混交程度以极强度混交为主，主要是因为其种群的数量太少，分布随机性高。

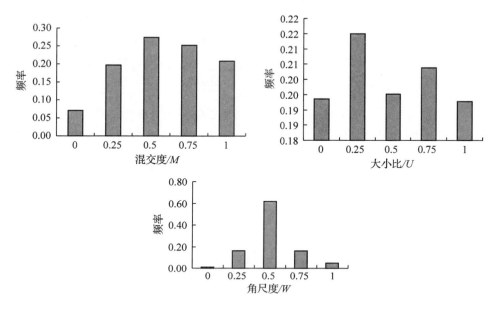

图7-1　落叶松桦木林林分的混交度、大小比和角尺度分布

Fig. 7-1　Distribution of mingling degree neighborhood comparison and uniform angle

index of *Larix principis-rupprechtii* + *Betula* ssp. mixed forest

表7-2　落叶松桦木混交林各树种混交度和大小比数

Tab. 7-2　Each forest species nitrogen fixation degrees and size scores of

Larix principis-rupprechtii + *Betula* ssp. mixed forest

树种	混交度（Mingling degrees）						大小比（Neighborhood comparisons）					
	0	0.25	0.5	0.75	1	M值	0	0.25	0.5	0.75	1	U值
落叶松	0.09	0.23	0.29	0.22	0.16	0.52	0.31	0.31	0.20	0.12	0.07	0.33
黑桦	0.08	0.19	0.23	0.23	0.26	0.60	0.13	0.18	0.22	0.26	0.22	0.56
蒙椵	0.01	0.10	0.28	0.32	0.30	0.70	0.01	0.08	0.18	0.34	0.39	0.75
白桦	0.07	0.22	0.34	0.24	0.13	0.53	0.20	0.23	0.24	0.20	0.12	0.45
五角枫	0.00	0.00	0.09	0.19	0.72	0.91	0.02	0.09	0.12	0.32	0.46	0.78
花楸	0.00	0.00	0.00	0.29	0.71	0.93	0.06	0.04	0.08	0.35	0.48	0.79
山杨	0.05	0.19	0.19	0.19	0.38	0.67	0.05	0.05	0.24	0.33	0.33	0.71
黄花柳	0.00	0.18	0.00	0.45	0.36	0.75	0.00	0.05	0.23	0.18	0.55	0.81

7.1.3　林分大小比数分析

分树种进行种群大小比的计算，能很清楚的反应群落中我们生产经营所要获取的目标树的生长状况，对于其他竞争强烈的树种可进行有效的预测和管理，及时进行间伐，保证目标树的正常生长，符合近自然林业经营的原则。本文采用胸径来描述林分结构单元大小比数，由图7-1可得林分内处于各级别优势度的概率差别不大，说明林分的整体优势差异不明显。由表7-2可得，落叶松的优势比例最大为0.31，白桦和黑桦次之为0.20和0.13，其他树种都不足0.10，处于中庸和弱势的比例较大。说明林分中落叶松、白桦和黑桦处于优势地位，其他伴生树种并未与其形成明显竞争，没有影响落叶松和桦木的正常生长。形成了比较鲜明的优势树种和伴生树种结构，种群分化程度高，利于结构稳定。

7.1.4　林分角尺度分析

由图7-1所示，落叶松桦木混交林在 $W_i = 0.5$ 时的分布频率最高，角尺度在 $W_i = 0.5$ 的概率为0.62，左右两侧分布差距较大，在左右两侧的频率都为0.16，说明落叶松桦木混交林水平格局为聚集分布。落叶松的平均角尺度为0.506，说明落叶松的空间分布为随机分布，但偏向于聚集。白桦的平均角尺度为0.54大于0.517为聚集分布，但聚集程度较低。黑桦平均角尺度为0.53，也为聚集分布，聚集程度亦较低。整个林分的角尺度分析来看，处于0.5的概率最大，平均角尺度为0.52也为聚集偏向随机的分布格局，与主要树种的分布格局相同，说明主要树种的格局优势明显。

7.1.5　种群空间点格局分析

种群空间分布格局是指种群个体在水平空间的配置状况或分布状况，反映了种群个体在水平空间上彼此间的相互关系，与物种的生物学特性、种间竞争以及生境条件等密切相关（Dale M R T，1999）。点格局分析方法与角尺度分析方法一样具有很强的泛化和推广能力，能分析不同尺度上的林分格局，在拟合分析的过程中还具有较强的检验能力，近年来在林分的格局分析中被广泛使用（刘云等，2005；杨洪晓等，2006；张程等，2007；

岳永杰等，2009）。

7.1.5.1　落叶松桦木针阔混交林单种的空间分布格局分析

由图 7-2、图 7-3 可知，落叶松桦木针阔混交林主要种群的空间分布格局随尺度的变化规律明显，落叶松种群和黑桦种群在大尺度上均呈随机分布，而白桦则呈聚集分布。落叶松在 0～24m 尺度上呈现聚集分布，在 $r=$ 6m 时，落叶松种群的聚集程度达到最大，此时 $\hat{L}(r)=0.83$，$r>24m$ 时，落叶松则呈现随机分布。黑桦在尺度 $r=2m$ 时达到最大聚集程度，$\hat{L}(r)=2.75$，在 25～34m 尺度上呈现随机分布，$34m<r<45m$ 尺度上为均匀分布，$r>45m$，黑桦种群又呈现随机分布。白桦种群整体上呈现聚集分布，聚集程度和规模要明显高于其他种群，随着尺度的继续增加，落叶松和黑桦有呈随机分布的趋势。

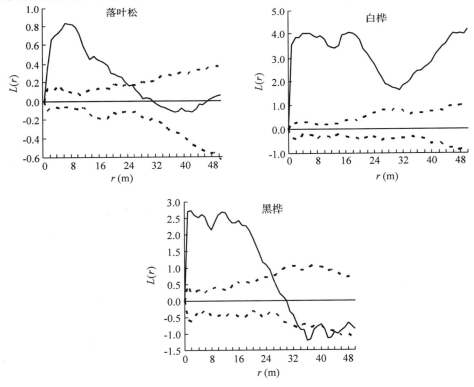

图 7-2　落叶松桦木针阔混交林单种空间格局分布图

Fig. 7-2　Single spatial pattern distributio map of *Larix principis-rupprechtii* + *Betula* ssp. mixed forest

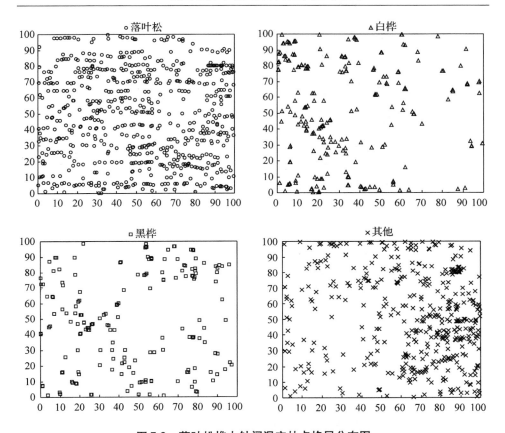

图7-3　落叶松桦木针阔混交林点格局分布图

Fig. 7-3　Point pattern distribution map of *Larix principis-rupprechtii* + *Betula* ssp. mixed forest

7.1.5.2　落叶松桦木针阔混交林种间关系分析

　　落叶松和白桦在尺度 0～3m 呈显著正相关关系，在 3～12m 相关性减弱，$r > 12m$ 时，两者呈显性负相关关系，表明在大尺度上两者竞争较为激烈。从图7-4可知，如果样方面积足够大，落叶松和白桦两者的相关性将呈减弱趋势。$0 < r < 12m$ 尺度上落叶松和黑桦呈显著正相关，$r > 12m$ 时，两者相关性减弱。白桦和黑桦在小尺度上呈显著正相关，中尺度上相关性较弱，随着尺度的增加，两者又呈显著正相关关系趋势，从图综合分析可知，落叶松和白桦在中尺度上主要以负相关为主，说明两者存在竞争关系，从整体上看落叶松和黑桦、白桦和黑桦的关联性不强，竞争较弱。

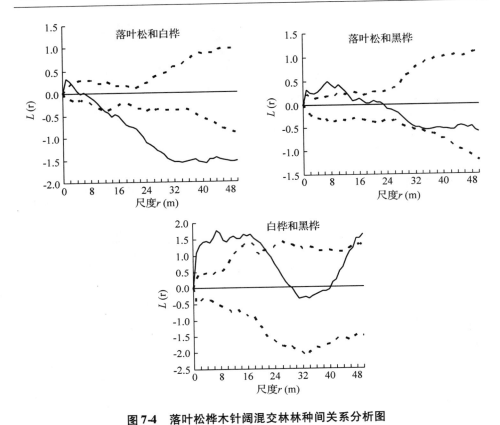

图 7-4　落叶松桦木针阔混交林林种间关系分析图

Fig. 7-4　Relationship between stock analyse map of *Larix*
principis-rupprechtii + *Betula* ssp.　mixed forest

7.2　山杨桦木混交林种群空间分布格局分析

7.2.1　林分主要树种特征值

　　山杨桦木混交林中主要组成树种的特征值由表 7-3 可得山杨无论从数量还是断面积上在林分中都占主要地位，白桦数量虽然比山杨数量少但是断面积比山杨大，林龄比山杨长，说明在更新时白桦要先于山杨出现。随着群落的演替更新群落中也出现极少量针叶树种，形成比较理想的混交状态。

表7-3 山杨桦木混交林林分主要树种特征值

Tab. 7-3 Main forest species eigenvalues of *Populus davidiana* + *Betula* ssp. mixed forest

树种	株数		重要值	断面积(m² /hm²)
	株/hm²	%		
黑桦	365	17.5	0.1365	3.32
椴树	150	7.2	0.0661	0.65
白桦	546	26.2	0.2200	7.36
蒙古栎	62	3.0	0.0507	0.55
山杨	918	44.0	0.2602	5.93
落叶松	6	0.29	0.035	0.064

7.2.2 林分混交度分析

冀北山区山杨桦木林样地设置样地面积为100m×100m，计算空间结构参数时的计算面积分别为8100m²。由表7-4可得，油松、蒙古栎、五角枫和椴树的平均混交度较高分别为1.0、0.92、0.88和0.82无弱度和中度混交，作为伴生树种其混交程度以极强度混交为主主要是因为其种群的数量太少，分布随机性高。群落中白桦各级别混交度分布比较均匀，黑桦和

表7-4 山杨桦木混交林各树种混交度和大小比数

Tab. 7.4 Each forest species nitrogen fixation degrees and size scores of

Populus davidiana + *Betula* ssp. mixed forest

树种	混交度						大小比					
	0	0.25	0.5	0.75	1	M值	0	0.25	0.5	0.75	1	U值
白桦	0.23	0.23	0.14	0.23	0.17	0.47	0.37	0.21	0.20	0.11	0.11	0.35
黑桦	0.02	0.16	0.26	0.32	0.23	0.64	0.17	0.18	0.23	0.20	0.22	0.53
椴树	0.01	0.05	0.10	0.31	0.53	0.82	0.02	0.12	0.26	0.24	0.36	0.70
蒙古栎	0.00	0.00	0.00	0.33	0.67	0.92	0.37	0.23	0.27	0.07	0.07	0.31
山杨	0.17	0.29	0.29	0.20	0.04	0.41	0.11	0.19	0.22	0.24	0.25	0.59
五角枫	0.00	0.07	0.13	0.00	0.80	0.88	0.08	0.23	0.15	0.00	0.54	0.67
油松	0	0	0	0	1	1	1	0	0	0	0	0

山杨均呈现出中间大，两头小的分布规律，以中度混交为主。白桦树种的零度混交最大为0.23，山杨次之为0.17，说明群落中的主要树种会出现3株或3株以上同种个体生长在一起。山杨桦木混交林的混交度频率分布由图7-5可以看出，林分的整体混交程度良好，以中度混交和强度混交所占比例较大。由以上分析表明，该林分内，白桦和山杨会与同种相伴生长，蒙古栎、油松、五角枫的个体株数比例小，但混交程度高，呈强度和极强度混交状态，随机分布在该林分内，树种隔离程度较大。

7.2.3　林分大小比数分析

由图7-5可得林分内处于各级别优势度的概率差别不大，以中庸木的频率最大为0.22，说明林分的整体优势差异不明显。由表7-4可得，油松、白桦和蒙古栎的优势比例最大分别为1.0、0.37和0.37，黑桦和山杨次之为0.17和0.11，其他树种都不足0.10，处于中庸和弱势的比例较大。其中椴树和五角枫处于绝对劣势的比例较大，受周围树种生长影响较大。由于油松和蒙古栎在群落中分布的个体数量比例小，所以林分中白桦、山

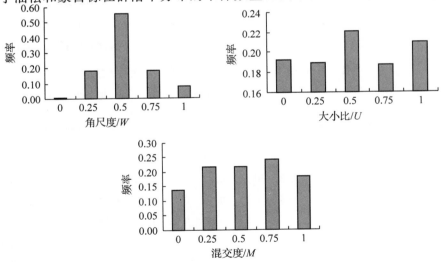

图7-5　山杨桦木林林分的混交度、大小比和角尺度分布

Fig. 7-5　Distribution of mingling degree, neighborhood comparison and uniform angle

index of *Populus davidiana* + *Betula* ssp. mixed forest

杨和黑桦处于优势地位,其他伴生树种并未与其形成明显竞争,没有影响山杨和桦木的正常生长。形成了比较鲜明的优势树种和伴生树种结构,种群分化程度高,利于结构稳定。

7.2.4 林分角尺度分析

由图7-5可知:山杨桦木混交林样地内角尺度均以等级 $W_i = 0.5$ 的分布频率最大,$W = 0$ 的分布频率最低,角尺度等级 $W_i = 0.5$ 的两侧的分布频率相差不大,说明了样地林木水平格局均为随机分布。山杨桦木混交林林分平均角尺度值($\overline{W}$)为 0.4857,$0.475 < \overline{W} < 0.517$,说明从角尺度均

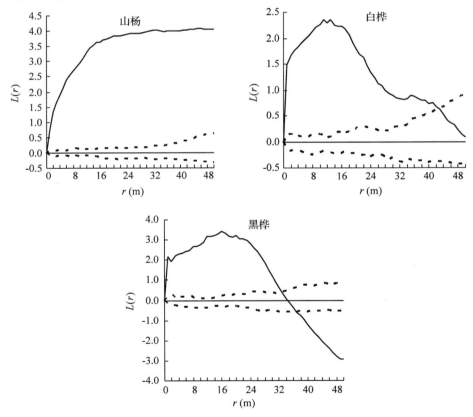

图7-6 山杨桦木混交林单种空间格局分布图

Fig. 7-6 Single spatial pattern distribution map of *Populus davidiana* + *Betula* ssp. mixed forest

值来看，该林分林木分布格局也为随机分布，聚集程度和规模不明显。从林分角尺度均值来看，山杨、白桦和黑桦的角尺度均大于 0.517 呈现聚集分布规律。从林分整体上看呈现出随机分布但是树种的分布会呈现聚集现象。

7.2.5 种群空间点格局分析

7.2.5.1 山杨桦木阔叶混交林单种格局分析

山杨种群整体上呈现聚集分布，聚集程度达到显著水平，聚集规模较大。白桦和黑桦种群在小尺度上为聚集分布，随着尺度的增加白桦呈随机分布，黑桦先呈随机后又均匀分布趋势，山杨种群在尺度 $r = 30\text{m}$ 时，聚

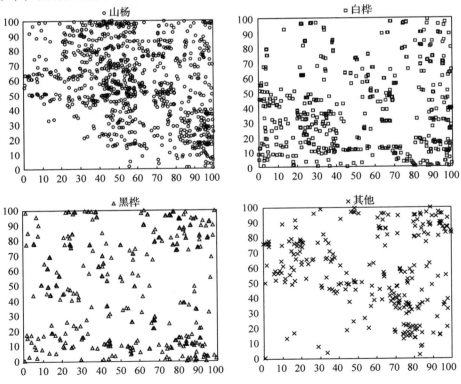

图 7-7 山杨桦木混交林点格局分布图

Fig. 7-7 Point pattern distribution map of *Populus davidiana* + *Betula* ssp. mixed forest

集程度达到最大，$\hat{L}(r)$ = 4.0。白桦在 0～43m 尺度上呈聚集分布，最大聚集程度 $\hat{L}(r)$ = 2.36，对应的尺度为 11m，$r > 43m$ 时则为随机分布。$0 < r < 32m$ 范围内，黑桦种群呈聚集分布，$32m < r < 37m$，呈随机分布，$r > 27m$ 时黑桦种群的分布格局表现为明显的均匀分布趋势。

7.2.5.2 山杨桦木阔叶混交林种间关系分析

由图 7-8 可知，山杨和白桦，白桦和黑桦，山杨和黑桦在小尺度上存在一定的正相关性，但从整体上看三者呈显著负相关性，竞争较为激烈，说明山杨桦木混交林中，山杨、白桦和黑桦种群聚集生长，生长势都很强，生态位分化不明显，三个主要种群间竞争强烈。山杨和白桦，山杨和黑桦在局部尺度上相关性较弱，竞争减弱，白桦和黑桦在 0～25m 尺度上

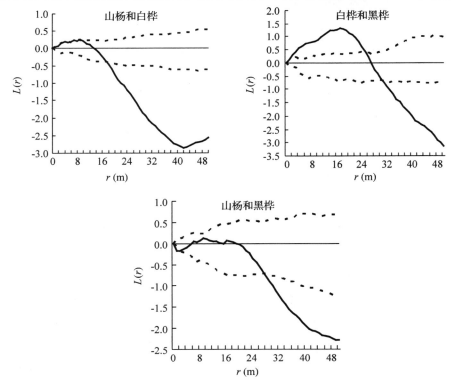

图 7-8 山杨桦木阔叶混交林林种间关系分析图

Fig. 7-8 Relationship between stock analyse map of *Populus davidiana* + *Betula* ssp. mixed forest

呈显著正相关性，25～31m 尺度上相关性较弱，$r > 31m$ 时，两者呈显著负相关性，白桦和黑桦竞争开始加剧，该混交林的生长将出现不稳定状态。

7.3   油松蒙古栎混交林种群空间分布格局分析

7.3.1   林分主要树种特征值

油松蒙古栎混交林中主要组成树种的特征值由表7-5可得，油松和蒙古栎无论从数量还是断面积上在群落中都占主要地位，形成十分明显的优势。样地内优势树种明显，伴生树种随机分布，群落成复层结构，被认为是冀北山区顶级森林群落结构。

表7-5   油松蒙古栎混交林主要树种特征值

Tab. 7-5   Main forest species eigenvalues of *Pinus tabulaeformis* + *Quercus mongolica* mixed forest

树种	株数		重要值	断面积
	（株/hm²）	（%）		（m²/hm²）
黑桦	14	0.98	0.0631	0.315
椴树	9	0.63	0.0582	0.037
白桦	2	0.14	0.0564	0.027
蒙古栎	656	46.07	0.3300	8.87
黑榆	129	9.0	0.1000	1.10
油松	614	43.12	0.3916	14.10

7.3.2   林分混交度分析

冀北山区油松蒙古栎混交林样地设置样地面积为 $125m \times 80m$，计算空间结构参数时的计算面积分别为 $8050m^2$。油松蒙古栎针阔混交林的混交度频率分布由图7-9可以看出，林分的整体混交程度一般，以中度混交占比例较大。由表7-6可得，蒙椴分布 $M_i = 0$ 时为零，弱度，中度和强度混交分别为0.33、0.33、0.33，极强度混交为0，平均混交度为0.50，以弱度和中度混交为主表现出中间高两边低的规律。黑桦、黑榆混交程度以中度和强度混交为主，混交程度良好。蒙古栎、油松两种树种混交程度主要以零度、弱度、中度为主，强度和极强度所占的比例则较少。其他伴生树种的混交程度以极强度混交为主主要是因为其种群的数量太少，分布随机性高。

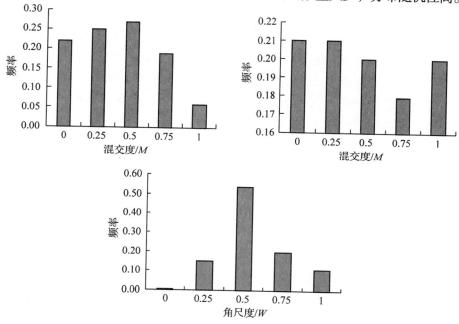

图7-9 油松蒙古栎林分的混交度、大小比和角尺度分布

Fig. 7-9 Distribution of mingling degree neighborhood comparison and uniform angle index of *Pinus tabulaeformis* + *Quercus mongolica* mixed forest

表7-6 油松蒙古栎针阔混交林各树种混交度和大小比数

Tab. 7-6 Each forest species nitrogen fixation degrees and size scores of *Pinus tabulaeformis* + *Quercus mongolica* mixed forest

树种	混交度						大小比数					
	0	0.25	0.5	0.75	1	M值	0	0.25	0.5	0.75	1	U值
黑桦	0.17	0.00	0.33	0.50	0.00	0.54	0.33	0.17	0.00	0.50	0.00	0.42
黑榆	0.08	0.19	0.42	0.27	0.04	0.50	0.26	0.16	0.22	0.18	0.19	0.47
蒙椴	0.00	0.33	0.33	0.33	0.00	0.50	0.11	0.33	0.22	0.11	0.22	0.50
蒙古栎	0.25	0.26	0.27	0.16	0.06	0.38	0.20	0.21	0.20	0.19	0.20	0.50
山荆子	0.00	0.00	0.00	0.00	1.00	1.00	0.00	0.00	0.00	0.00	1.00	1.00
油松	0.23	0.25	0.25	0.19	0.08	0.41	0.20	0.21	0.20	0.18	0.21	0.50

7.3.3　林分大小比数分析

采用胸径来描述林分结构单元大小比数，由图7-9可得林分内处于各级别优势度的概率差别不大，说明林分的整体优势差异不明显。由表7-6可得，黑桦的优势比例最大为0.33，黑榆和蒙古栎、油松次之为0.26和0.20、0.20，其他树种都不足0.20，处于中庸和弱势的比例较大，油松和蒙古栎在各级别优势度分布的概率差别不大。说明林分中黑桦、蒙古栎和油松处于优势地位，其他伴生树种并未与其形成明显竞争，没有影响黑桦、黑榆、蒙古栎和油松的正常生长，其主要树种为油松和蒙古栎且径级分布较广。形成了比较鲜明的优势树种和伴生树种结构，种群分化程度高，利于结构稳定。

7.3.4　林分角尺度分析

由图7-9所示，油松蒙古栎针阔混交林在 $W_i = 0.5$ 时的分布频率最高，角尺度在 $W_i = 0.5$ 的概率为0.54，左右两侧分布差距较大，左侧低右侧高，偏向于聚集。黑榆、蒙古栎、蒙椴的平均角尺度都为0.56，大于0.517为聚集分布，聚集程度较高。油松平均角尺度为0.57，也为聚集分布，聚集程度亦较高。整个林分的角尺度分析来看，处于0.5的概率最大，平均角尺度为0.58也为聚集的分布格局，与主要树种的分布格局相同，说明主要树种的格局优势明显。

7.3.5　种群空间点格局分析

7.3.5.1　油松蒙古栎针阔混交林单种格局分析

由图7-10、图7-11，从整体上看，油松、蒙古栎、黑榆种群均为聚集分布，油松的聚集规模要大于蒙古栎和黑榆，随着聚集尺度的增加，黑榆和蒙古栎的聚集程度减弱，而黑榆减弱程度更为剧烈，有呈随机分布的趋势。蒙古栎种群在尺度 $r = 7m$ 时，聚集程度达到最大，$\hat{L}(r) = 3.96$，随后尺度增大到24m时，聚集程度一直减弱，$r > 24m$ 聚集程度有明显增加 $r = 11m$ 时，黑榆种群的最大聚集程度 $\hat{L}(r) = 14.62$，$r > 11m$，聚集程度明显减弱。

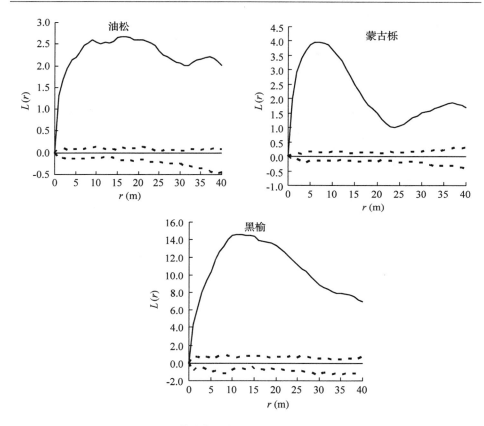

图7-10 油松蒙古栎针阔混交林单种空间格局分布图

Fig. 7-10 Single spatial pattern distribution map of *Pinus tabulaeformis* +
Quercus mongolica mixed forest

7.3.5.1 油松蒙古栎针阔混交林种间关系分析

从图7-12可知，油松和蒙古栎在总体上呈显著正相关，油松和黑榆在 $0 \sim 7m$ 尺度上呈正相关关系，$7 \sim 14m$ 尺度上相关性较弱，$r > 14m$ 时，两者呈显著负相关关系，表明在大尺度上两者将会激烈竞争，蒙古栎和黑榆的种间关系相似于油松和黑榆。该林地黑榆为伴生树种，竞争力较弱，生长呈现不稳定状态，可能会被淘汰。

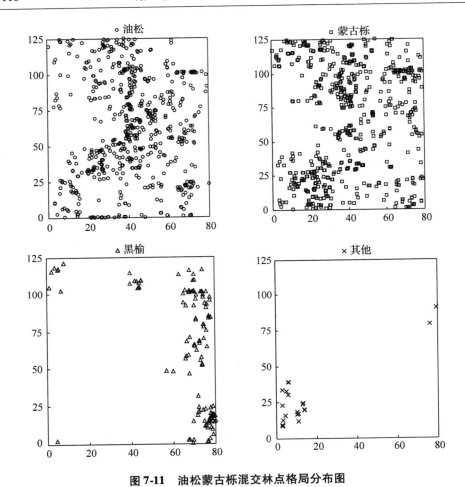

图7-11 油松蒙古栎混交林点格局分布图

Fig. 7-11　Point pattern distribution map of *Pinus tabulaeformis* +

Quercus mongolica mixed forest

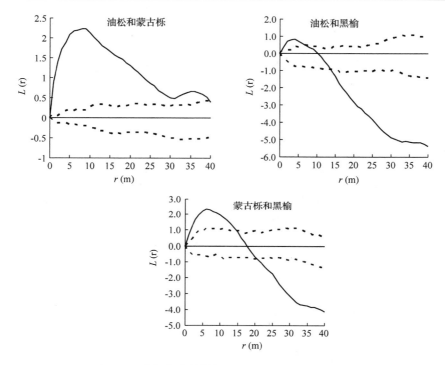

图 7-12 油松蒙古栎针阔混交林林种间关系分析图

Fig. 7-12 Relationship between stock analyse map of *Pinus tabulaeformis* + *Quercus mongolica* mixed forest

7.4 小 结

利用林分空间结构参数混交度、大小比数和角尺度以及点格局分析方法对典型林分类型群落空间结构进行研究，表达了树种的混交状况、直径优势状况和林木水平分布格局，研究结果与其他方法研究结果具有一致性。其结果表现为优势树种的混交度、大小比和角尺度在各等级均有分布；伴生树种的混交度较高但优势度不高，但对于维持群落多样性有重要意义；随着研究尺度的增大种群分布格局会发生变化，表现为从团状分布到随机分布。空间结构参数是以林木空间定位信息为基础的，在分析林分的空间结构方面具有特殊的优势，能够实现林分空间结构的数量化表达，为森林经营提供更多的参考信息。

第8章 林分物种多样性及其分布规律

植物群落的物种多样性指数反映群落的组成结构、演替发育阶段、稳定性程度和生境特征,是森林经营管理的重要依据,是植被组织水平的生态学基础(Rawley M J,1986;陈灵芝,1993;郭正刚等,2003;周本智等,2005;汪超等,2006)。本文采用 Simpson 多样性指数、Shannon-Wiener 多样性指数、Pielou 均匀度指数和 Menhinick 丰富度指数对冀北山地不同森林群落的群落内乔木、灌木和草本多样性以及群落间相似度进行分析。

8.1 落叶松桦木混交林物种多样性分析

8.1.1 乔木多样性分析

样地内乔木多样性指数采用以样地整体为研究对象进行调查,由表8-1可知:落叶松桦木混交林中主要乔木有九种,其中落叶松、白桦、黑桦和椴树为数量较多的四种乔木,落叶松的相对重要值为 0.3311,白桦相对重要值为 0.1275,黑桦和椴树的相对重要值分别为 0.1142 和 0.1240。因此,从相对重要值来看,落叶松、白桦、黑桦、椴树为群落中的优势树种,其中椴树的数量虽然比黑桦少但相对重要值比黑桦的大,说明椴树平均胸径比黑桦的大。群落整体的 Shannon-Wiener 指数为 2.0295,Simpson 多样性指数为 0.8292;群落的 Pielou 均匀度指数为 0.8814,说明群落总体分布比较均匀;群落的 Menhinick 丰富度指数为 0.2579 相对偏低,说明群落内乔木树种不够丰富且单种数量较多,在乔木分布均匀度较高的情况下主要与选取的样地的面积大小有关。

表 8-1 落叶松桦木混交林乔木多样性指数

Tab. 8-1 Arbor diversity index of *Larix principis-rupprechtii* + *Betula* ssp. mixed forest

群落类型	树种	株数	重要值	Simpson 指数	Shannon-Wiener 指数	Pielou 指数	Menhinick 指数
落叶松桦木混交林	五角枫	94	0.0776	0.8292	2.0295	0.8814	0.2579
	山杨	27	0.0450				
	蒙古栎	24	0.0454				
	落叶松	653	0.3311				
	黄花柳	26	0.0441				
	黑桦	194	0.1142				
	椴树	192	0.1240				
	白桦	228	0.1275				
	白花花楸	64	0.0576				

8.1.2 灌木多样性分析

样地内灌木多样性指数采用样方法调查，由表 8-2 可知：落叶松桦木混交林的 Pielou 均匀度指数在各样方内差别不大，植被分布相对均匀最大值（0.704）出现在 6 号样方，最小值（0.500）出现在 5 号样方。落叶松桦木混交林 Menhinick 丰富度指数 3 号样方最大，为 0.563，5 号最小为 0.368，物种丰富度在水平方向变化明显。落叶松桦木混交林灌木的 Simpson 指数和 Shannon-Wiener 指数具有相同的变化规律，5 号样方最小，6 号样方最大。综上可知，落叶松桦木混交林内灌木各指数有相似的变化规律，四个指标来评价灌木多样性具有相同的变化趋势，但标准地中心的 5 号样方有明显下降趋势，处于相同竖直位置上的样方相似度较高，说明灌木分布在坡位置的差别不明显，而在不同竖直地带有明显差异。

表 8-2　落叶松桦木混交林灌木多样性指数

Tab. 8-2　Shrubs diversity index of *Larix principis-rupprechtii* + *Betula* ssp. mixed forest

样方编号	Simpson 指数	Pielou 指数	Shannon-Wiener 指数	Menhinick 指数
1	0.561	0.551	1.072	0.388
2	0.706	0.654	1.273	0.398
3	0.641	0.589	1.224	0.563
4	0.661	0.637	1.324	0.547
5	0.455	0.500	0.896	0.368
6	0.682	0.704	1.370	0.396
7	0.563	0.575	1.120	0.440
8	0.637	0.636	1.237	0.429
9	0.628	0.597	1.241	0.450

8.1.3　草本多样性分析

　　由表 8-3 可知：在落叶松桦木混交林标准地内除 4 号和 9 号 Pielou 均匀度指数较小外，其他样方的 Pielou 均匀度指数差别不大，2 号和 5 号样方的 pielou 均匀度指数相对较高，其原因可能是受地形及较大单株乔木的影响。草本的丰富度指数没有明显规律，9 号样方最大为 0.758，5 号最小为 0.528，其物种丰富度和均匀度无联系。草本的 Simpson 指数和 Shannon-Wiener 指数并没有表现出一致的变化规律，虽然都是多样性指数，但是 Simpson 指数是表示群落优势度的统计量，其值越大表明群落的优势种越明显，它随一个或几个物种的优势度的增加而增加；而 Shannon-Wiener 指数表示的是变化度指数，物种的数量越多，分布越均匀，其值就越大，反之则越小。综上可知，对于草本来说，指数并没有明显的一致变化趋势，但观察发现，相同竖直位置上的样方相似度较高，同灌木一致。但是与灌木多样性指数不同的是 2 号、5 号、8 号的指数值有升高趋势，而灌木则下降，说明在灌木各项指数较低的地方，草本生长反而有优势，主要是因为光照的增加促进了林下草本的生长。所以，当灌木层物种丰富度减小时，其盖度也随之降低，则有利于草本植物的生长。

表8-3 落叶松桦木混交林草本多样性指数

Tab. 8-3 Herb diversity index of *Larix principis-rupprechtii* + *Betula* ssp. mixed forest

样方编号	Simpson 指数	Pielou 指数	Shannon-Wiener 指数	Menhinick 指数
1	0.894	0.473	1.522	0.652
2	0.932	0.531	1.769	0.739
3	0.879	0.468	1.377	0.773
4	0.889	0.408	1.105	0.690
5	0.871	0.475	1.316	0.528
6	0.894	0.476	1.425	0.62
7	0.881	0.476	1.477	0.625
8	0.943	0.408	1.076	0.601
9	0.839	0.339	0.782	0.758

8.2 山杨桦木混交林物种多样性分析

8.2.1 乔木多样性分析

由表8-4可知：样地内共有十种乔木，其中山杨、白桦和黑桦是数量最多的三种乔木，山杨相对重要值为0.2602，白桦和黑桦相对重要值分别为0.2200和0.1365，是群落中数量和相对重要值都比较大的树种，为群落中的优势种群。落叶松主要以大径木的形式存在，所以虽然相对数量较少但相对重要值较高；椴树和蒙古栎虽然数量较多但相对重要值较小，说明主要以小径级木的形式存在；其他树种在数量和相对重要值中都不占优势，说明其组成在山杨桦木混交林中不占优势，但从物种多样性角度分析仍具有重要意义。

山杨桦木混交林群落整体的 Shannon-Wiener 指数为 2.0190，Simpson 多样性指数为 0.8377；群落的 Pielou 均匀度指数为 0.8769，说明群落总体分布比较均匀；群落的 Menhinick 丰富度指数为 0.2191 相对偏低，说明群落内乔木树种不够丰富且单种数量较多，在乔木分布均匀度较高的情况下主要与选取的样地面积大小有关。

表8-4　山杨桦木混交林乔木多样性指数

Tab. 8-4　Arbor diversity index of *Populus davidiana* + *Betula* ssp. mixed forest

群落类型	树种	株数	重要值	Simpson 指数	Shannon-Wiener 指数	Pielou 指数	Menhinick 指数
山杨桦木混交林	油松	5	0.0350	0.8377	2.0190	0.8769	0.2191
	五角枫	28	0.0397				
	山杨	918	0.2602				
	蒙古栎	62	0.0507				
	蒙椴	2	0.0338				
	落叶松	6	0.1245				
	椴树	150	0.0661				
	黑桦	365	0.1365				
	白桦	546	0.2200				
	白花花楸	1	0.0336				

8.2.2　灌木多样性分析

由表8-5可知：山杨桦木混交林灌木的 Pielou 指数的1~3号的平均值大于4~6号的平均值，后者又大于7~9号的平均值，说明均匀度指数沿坡位有减小的趋势。山杨桦木混交林灌木的 Menhinick 丰富度指数也有坡下大于坡上的趋势。山杨桦木混交林 Simpson 指数和 Shannon-Wiener 指数具有相同的变化趋势，1号和6号较高，5号和8号较低，沿坡位变化比较明显。综上可知：各项指数的变化具有一定的相似性，除具有和落叶松桦木混交林一样的竖直相似性外，其坡下1~3号样方、坡中的4~6号和坡上的7~9号样方具有明显差异，其各指数表现为：坡下 > 坡中 > 坡上。

表8-5　山杨桦木混交林灌木多样性指数

Tab. 8-5　Shrubs diversity index of *Populus davidiana* + *Betula* ssp. mixed forest

样方编号	Simpson 指数	Pielou 指数	Shannon-Wiener 指数	Menhinick 指数
1	0.708	0.754	1.468	0.327
2	0.659	0.687	1.428	0.410
3	0.506	0.527	1.097	0.407

（续）

样方编号	Simpson 指数	Pielou 指数	Shannon-Wiener 指数	Menhinick 指数
4	0.634	0.671	1.306	0.381
5	0.419	0.465	0.904	0.333
6	0.704	0.667	1.387	0.472
7	0.490	0.527	0.945	0.329
8	0.167	0.180	0.351	0.257
9	0.461	0.444	0.865	0.414

8.2.3 草本多样性分析

由表8-6可知：山杨桦木混交林草本 Pielou 指数1号和2号样方的值较小，其余样方的差别不大，其原因可能是由于此处的几棵较大的油松对林下植被造成的影响。山杨桦木混交林草本的 Menhinick 指数表现为坡下（1号、2号、3号）>坡中（4号、5号、6号）>坡上（7号、8号、9号），沿坡位变化比较明显。山杨桦木混交林草本 Simpson 指数和 Shannon–Wiener 指数规律不明显，其原因主要是受草本群落组成种类和数量差别所导致。综上可知：山杨桦木混交林草本样方指数变化没有一致的规律性，除1号和2号有明显的下降，其他样方的各项指数差别不大，表明草本分布比较均匀。

表8-6 山杨桦木混交林草本多样性指数

Tab. 8-6 Herb diversity index of *Populus davidiana* + *Betula* ssp. mixed forest

样方编号	Simpson 指数	Pielou 指数	Shannon-Wiener 指数	Menhinick 指数
1	0.852	0.298	0.970	1.167
2	0.885	0.361	1.105	1.148
3	0.889	0.863	2.446	1.237
4	0.817	0.744	2.064	0.874
5	0.886	0.860	2.384	0.786
6	0.836	0.804	2.062	0.757
7	0.781	0.743	1.846	0.640
8	0.807	0.771	1.978	0.887
9	0.828	0.816	2.152	0.713

8.3　油松蒙古栎混交林物种多样性分析

8.3.1　乔木多样性分析

由表8-7可知：样地内共有六种乔木，其中油松、蒙古栎树种的数量最多相对重要值最大分别为0.3916和0.3300，其相对频度和相对胸断面积均较大，是群落中的优势种群。黑榆的数量虽然与黑桦、白桦等非优势树种相比较多，但是相对重要值没有大幅提升主要因为黑榆种群胸断面积较小，而其频度却较高，说明其群落中主要以小径级木的形式存在。油松蒙古栎混交林群落整体的Shannon-Wiener指数为1.4662，Simpson多样性指数为0.7171；群落的Pielou均匀度指数为0.8183，说明群落总体分布比较均匀；群落的Menhinick丰富度指数为0.1590相对偏低，说明群落内乔木树种不够丰富且单种数量较多，在乔木分布均匀度较高的情况下主要与选取的样地的面积大小有关。

表8-7　油松蒙古栎混交林乔木多样性

Tab. 8-7　Arbor diversity index of *Pinus tabulaeformis* + *Quercus mongolica* mixed forest

群落类型	树种	株数	重要值	Simpson 指数	Shannon-Wiener 指数	Pielou 指数	Menhinick 指数
油松蒙古栎混交林	白桦	2	0.0564	0.7171	1.4662	0.8183	0.1590
	黑桦	14	0.0631				
	黑榆	129	0.1007				
	蒙椴	9	0.0582				
	蒙古栎	656	0.3300				
	油松	614	0.3916				

8.3.2　灌木多样性分析

由表8-8可知：油松蒙古栎混交林灌木的3号、5号和8号样方的Pielou指数较小，4号、7号9号的样方的指数较大，且差别比较明显，表明其分布差异性较大。Menhinick丰富度指数表现为5号、8号较小，4号、

6号较大，表明丰富度和均匀度有一定的联系。油松蒙古栎混交林灌木Simpson指数和Shannon-Wiener的指数3号、5号、8号指数较小，4号、6号指数较大。表明Simpson指数和Shannon-Wiener指数评价灌木多样性有相似性。综上可知：油松蒙古栎混交林各样方的各项指数变化趋于一致，表明了灌木多样性的各项指数具有一定的联系，由于3号标准地地形起伏较大，所以各样方指标有一定的波动，说明地形对灌木多样性指标有影响。由于标准地三面有坡降，所以灌木多样性成竖直的带状分布，标准地中间的2号、5号、8号的各指数相对较小，而两侧的1号、6号、7号和3号、4号、9号的各项指数相对较高，说明了阳坡油松林下灌木较少，两侧由于受坡的遮挡，灌木相对丰富。

表8-8　油松蒙古栎混交林灌木多样性指数

Tab. 8-8　Shrubs diversity index of *Pinus tabulaeformis* + *Quercus mongolica* mixed forest

样方编号	Simpson 指数	Pielou 指数	Shannon-Wiener 指数	Menhinick 指数
1	0.324	0.403	0.558	0.235
2	0.401	0.442	0.612	0.258
3	0.249	0.279	0.448	0.229
4	0.494	0.558	0.897	0.331
5	0.168	0.231	0.320	0.215
6	0.508	0.499	0.894	0.377
7	0.470	0.557	0.612	0.208
8	0.198	0.278	0.306	0.173
9	0.362	0.502	0.552	0.185

8.3.3　草本多样性分析

由表8-9可知：油松蒙古栎混交林草本Pielou指数的差别不大，植物分布较为均匀，也没有特别的优势种存在。Menhinick丰富度指数差别较大，5号和8号较小，6号和7号较大，与灌木相似。草本的Simpson指数和Shannon-Wiener指数具有相同变化趋势。总的来看：1号、6号、7号的草本样方的各项指数较高，而2号、5号、8号草本样方的各项指数相对较低，可能是由植被和地形差异导致的，标准地中部的油松较多且枯落物较厚，不利于草本的生长。

表8-9　油松蒙古栎混交林草本多样性指数

Tab. 8-9　Herb diversity index of *Pinus tabulaeformis* + *Quercus mongolica* mixed forest

编号	Simpson 指数	Pielou 指数	Shannon-Wiener 指数	Menhinick 指数
1	0.859	0.722	2.351	0.922
2	0.868	0.738	2.484	0.956
3	0.880	0.829	2.599	1.471
4	0.930	0.889	2.860	1.293
5	0.807	0.798	1.914	0.476
6	0.934	0.869	2.985	1.502
7	0.928	0.889	2.862	1.307
8	0.876	0.826	2.289	0.703
9	0.881	0.778	2.564	0.976

8.4　森林群落草本多样性及其与地形关系

　　草本植物在维持森林生态系统功能方面起着重要的作用，森林生态系统的能流、物流和生产力等，都与草本植物的种类、数量及分布格局密切相关，物种多样性体现了森林群落在组成、结构、功能和动态等方面的异质性，也反映不同自然地理条件与群落的相互关系（郝占庆等，2003）。不同森林群落类型下会有不同的草本多样性，不同的草本多样性又能反映不同的群落结构和环境因子。马克平（1997）、方精云（2004）、沈泽昊（2001；2004）、李军玲（2006）等人分别对北京东灵山、四川贡嘎山、山西太行山等地区做过部分植物多样性与环境的关系的研究。对冀北山区草本植物多样性及其与地形因素的关系的研究尚属空白。本文运用多样性指数、丰富度指数和均匀度指数对冀北山地12个典型森林群落的草本物种多样性进行研究，并采用CANOCO4.5软件用典范对应分析（CCA）研究地形对物种多样性的影响变化规律，为冀北山区森林群落结构研究和生物多样性保护及可持续利用提供理论依据。

8.4.1 植被群落类型与草本多样性的关系

冀北山区的地带性植被为暖温带阔叶和针叶林，不同植物群落类型的结构特征和环境特征与物种组成或群落组成水平上存在差异。本研究选取12个典型森林群落类型，纯林6个，混交林5个，蒙古栎伐后更新灌丛1个，样地内共有草本植物共有65个属78个种（表8-10），重要值大于0.1的物种主要有白花碎米芥、舞鹤草、野艾蒿、披针叶薹草、小红菊、玉竹、野鸢尾、糙苏、龙牙草等，在各类型植被群落下均有分布。各项指数与群落类型有关，各森林群落的结构不同，进而影响了林内草本植物的组成和分布规律，这种差异主要受制于组成群落的物种的生态生物学特性，因而通过反映群落组织水平的物种多样性指数，在一定程度上可表现各群落的生态学特性（岳永杰等，2009；Hughes J B，*et al*，1997）。

表 8-10 冀北山地典型森林群落主要草本名录

Tab. 8-10 List of the main herb species of northern hebei mountain

序号	中文名	拉丁名	序号	中文名	拉丁名
1	华北乌头	*Aconitum jeholense*	40	山萝花	*Melampyrum roseum*
2	类叶升麻	*Actaea spicata var. asiatica*	41	广序臭草	*Melica onoei*
3	细叶沙参	*Adenophora paniculata*	42	列当	*Orobanche coerulescens*
4	轮叶沙参	*Adenophora tetraphylla*	43	山芹	*Ostericum sieboldii*
5	展枝沙参	*Adenophora divaricata*	44	北重楼	*Paris verticillata*
6	龙牙草	*Agrimonia pilosa*	45	异叶败酱	*Patrinia heterophylla*
7	剪股颖	*Agrostis gigantea*	46	败酱	*Patrinia scabiosaefolia*
8	野韭	*Allium ramosum*	47	黄花龙牙	*Patrinia scabiosaefolia*
9	茖葱	*Allium victorialis*	48	红纹马先蒿	*Pedicularis striata*
10	华北楼斗菜	*Aquilegia yabeana*	49	糙苏	*Phlomis umbrosa*
11	野艾蒿	*Artemisia lavandulaefolia*	50	车前	*Plantago asiatica*
12	曲枝天冬	*Asparagus trichophyllus*	51	二叶舌唇兰	*Platanthera chlorantha*
13	紫菀	*Aster tataricus*	52	早熟禾	*Poa annua*
14	落新妇	*Astilbe chinensis*	53	草地早熟禾	*Poa pratensis*
15	苍术	*Atractylodes lancea*	54	玉竹	*Polygonatum odoratum*
16	北柴胡	*Bupleurum chinense*	55	委陵菜	*Potentilla chinensis*

（续）

序号	中文名	拉丁名	序号	中文名	拉丁名
17	山尖子	*Parasencio hastata*	56	白头翁	*Pulsatilla chinensis*
18	耳叶兔儿伞	*Cacalia auriculata*	57	鹿蹄草	*Pyrola calliantha*
19	紫斑风铃草	*Campanula punctata*	58	蓝萼香茶菜	*Rabdosia japonica*
20	白花碎米芥	*Cardamine leucantha*	59	缘毛鹅观草	*Roegneria pendulina*
21	披针叶薹草	*Carex lanceolata*	60	茜草	*Rubia cordifolia*
22	高山露珠草	*Circaea alpine*	61	地榆	*Sanguisorba officinalis*
23	隐子草	*Cleistogenes songorica*	62	草地凤毛菊	*Saussurea amara*
24	大叶铁线莲	*Clematis heracleifolia*	63	凤毛菊	*Saussurea japonica*
25	小红菊	*Dendranthema chanetii*	64	篦苞凤毛菊	*Saussurea pectinata*
26	穿山薯蓣	*Dioscorea nipponica*	65	藨草	*Scirpus triqueter*
27	蛇莓	*Duchesnea indica*	66	华北鸦葱	*Scorzonera albicaulis*
28	小花糖芥	*Erysimum cheiranthoides*	67	黄芩	*Scutellaria baicalensis*
29	猫眼草	*Euphorbiacea*	68	景天三七	*Sedum aizoon*
30	蚊子草	*Filipendula palmata*	69	旱麦瓶草	*Silene jenisseensis*
31	鼠掌老鹳草	*Geranium sibiricum*	70	繁缕	*Stellaria infracta*
32	水杨梅	*Geum aleppicum*	71	展枝唐松草	*Thalictrum simplex*
33	短毛独活	*Heravleum moellendorffii*	72	缬草	*Valeriana officinalis*
34	黄海棠	*Hypericum ascyron*	73	藜芦	*Vertatrum nigrum*
35	野鸢尾	*Iris dichotoma*	74	山野豌豆	*Vicia amoena*
36	矮紫苞鸢尾	*Iris ruthenica*	75	歪头菜	*Vicia unijuga*
37	狭苞橐吾	*Ligularia intermedia*	76	鸡腿堇菜	*Viola acuminata*
38	舞鹤草	*Mainnthemum bifolium*	77	裂叶堇菜	*Viola dissecta*
39	荚果蕨	*Matteuccia struthiopteris*	78	早开堇菜	*Viola prionantha*

　　调查结果表明：不同的群落类型下草本植物种类和生物量不同，草本植物种类表现为纯林＞混交林，但各项指数纯林并不比混交林高，草本的多样性指数的差别与林分的复杂程度关系不大，这主要是由群落对空间利用率不同造成的，混交林的郁闭度高，草本较少，纯林的空间利用率不足，林下光照较好，草本较多。桦木纯林要多于落叶松桦木混交林，蒙古栎纯林要多于油松蒙古栎混交林，山杨纯林多于山杨桦木混交林。混交林

的多样性指数稳定程度较高，油松蒙古栎桦树混交林＞油松蒙古栎混交林
＞油松纯林，这说明混交林虽然没有使草本植物种类显著增加，但在维护
整个群落结构和功能稳定方面要优于纯林。同时蒙古栎灌丛的草本种类和
各项多样性指数与混交林相近，说明伐后更新的蒙古栎灌丛对草本植物的
生成具有同混交林类似的效果。

由表 8-11 可得，不同群落的 simpson 指数、Shannon-Wiener 指数、
Menhinick 指数和 Pielou 指数，表现出波动的变化规律，山杨纯林和白桦纯
林的多样性指数、丰富度指数和均匀度指数均大于山杨桦木混交林，但油
松纯林和蒙古栎纯林并不大于油松蒙古栎混交林，说明不同群落间具有不
同影响其变化的因子。其中具有相同多样性指数的群落中的草本植物种类
的组成和数量差别较大，黑桦纯林和蒙古栎纯林的各项指数虽然一致，但
从草本植物数量来看，蒙古栎纯林中草本种类几乎是黑桦纯林的 2 倍，黑
桦纯林和山杨纯林也有类似的现象，说明草本植物多样性除森林群落类型
外，还受到其他因子的影响。由此可见，群落类型并不是影响本研究区内
草本植物多样性指数的主导因子。

表 8-11　不同森林群落类型的草本多样性

Tab. 8-11　The herbal diversity index of different types of forest communities

群落类型	草本种类	Simpson 指数	Shannon-Wiene 指数	Menhinick 指数	Pielou 指数
1. 落叶松桦树混交林	26	0.8936	1.5223	0.7412	0.8729
2. 山杨桦树混交林	27	0.8522	2.2701	1.2236	0.7444
3. 油松蒙古栎混交林	25	0.8684	2.4844	1.3517	0.7378
4. 蒙古栎落叶松灌丛	26	0.9082	2.7285	1.1832	0.8374
5. 落叶松蒙古栎混交林	24	0.8489	2.6040	1.3985	0.7992
6. 山杨纯林	34	0.9190	2.7647	1.2773	0.8589
7. 白桦纯林	33	0.8895	2.7791	1.3661	0.7948
8. 油松纯林	25	0.8400	2.2654	0.8630	0.7694
9. 蒙古栎纯林	33	0.9133	2.7622	1.1082	0.8581
10. 黑桦纯林	19	0.9273	2.8796	1.3224	0.8551
11. 五角枫纯林	28	0.7482	1.9791	0.8394	0.6721
12. 油松蒙古栎桦树混交林	29	0.8900	2.6995	1.2463	0.8101

8.4.2　海拔与草本植物多样性的关系

　　海拔一直被认为是影响区域生境差异的主导因子，海拔不同导致了水热条件的空间分布不同，进而影响区域内植物群落的分布和结构。茹文明等（2006）人对历山森林群落物种多样性的研究表明在海拔 1000～1800m 之间，随着海拔的升高，物种多样性指数和丰富度指数也随之增加，海拔与物种多样性指数和丰富度指数之间呈现正相关（$p < 0.05$）。在本研究区域内的海拔 1200～1700m 之间物种多样性和均匀度指数和丰富度指数呈现正相关性，但其指数变化表现为多样化趋势，没有随海拔线性上升的趋势关系。

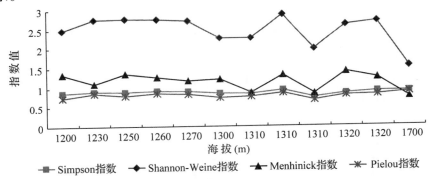

图 8-1　多样性指数随海拔的变化关系

Fig. 8-1　The relationship between the herbal diversity index and gradient of altitude

　　如图 8-1 所示，在 1200～1400m 之间各项指数的变化较为平稳，到 1700m 时有下降趋势。这主要是由于研究区内的各样点海拔差别不明显，没有形成显著差异，且群落类型各异，各林分的结构和分布格局不同，对草本植物的生长形成的综合影响所决定。反映不同物种之间的数量对比关系的均匀度也表现出与其他指数相同的变化规律，但波动不大，说明在各群落内个体数目或生物量等指标在各个物种中分布的均匀程度也随海拔呈现出相关变化。各样点的 Simpson 指数和 Menhinick 指数表现出相同的变化趋势且波动较大，表明各群落内草本植物的多样性指数还与影响群落的其他环境因子相关，且随之变化。

　　从干扰的角度来看，在海拔较低的地带，人类活动的干扰强度相对较大(包括砍樵、放牧、刨药材等)。这也是被认为低海拔物种多样性指数、均匀度指数和丰富度指数较低的原因之一。本研究区域除个别样点外，海拔差别不大，且大致分布于两条典型的植被区系内，人为活动较少，干扰并不是影响植物多样性随海拔变化的主要因素。此外，群落所处的不同的发育阶段或生境如坡位、坡度、坡向的差异，以及由此引起的土壤厚度和有机质含量、水分条件等一系列生境的变化，也是导致物种多样性波动的因素。

8.4.3 草本植物多样性与地形的典范对应分析

研究区内各植被群落类型分布于 1200～1700m 的中海拔地区，没有形成典型的垂直地带性变化，坡向以同一参考系下的实测值为划分依据，坡形和坡位按表 4-1 所采用的表示方法将其量化，得到各植被类型分布的地形因子(表 8-12)。

表 8-12 不同森林群落类型的地形因子

Tab. 8-12 The terrain factors of different forest community types

群落类型 Community Type	海拔(km) Elev	坡向(°) Expo	坡度(°) Slop	坡形 Shap	坡位 Posi
1. 落叶松桦树混交林	1.70	30	28	2	3
2. 山杨桦树混交林	1.30	15	23	2	3
3. 油松蒙古栎混交林	1.20	220	35	3	4
4. 蒙古栎落叶灌丛	1.27	45	32	2	2
5. 落叶松蒙古栎混交林	1.32	240	17	1	3
6. 山杨纯林	1.26	90	24	2	1
7. 白桦纯林	1.25	210	17	2	2
8. 油松纯林	1.31	65	30	2	5
9. 蒙古栎纯林	1.23	35	25	2	2
10. 黑桦纯林	1.31	25	30	1	1
11. 五角枫纯林	1.31	205	37	2	2
12. 油松蒙古栎桦树混交林	1.32	90	31	2	2

坡形值 Shape values：1 凹 Concave；2 平 Plain；3 凸 Convex

坡位值 Position values：1 谷底 Valley bottom；2 沟谷侧坡 Side slope near bottom；3 侧平坡 Side slope；4 山脊侧坡 Side slope near ridge；5 顶脊 Peak and ridge

　　研究区内12个样点的地形因子典范对应分析结果如图8-2。从箭头的连线长度可以明显地看出，选取的5个地形因子对所选样点草本植物研究的空间分布状况都有一定程度的影响，与岳跃民等（2008）对喀斯特地形区的研究结果相一致。其中，坡向对所选样点的影响最大，坡形的影响较弱。从箭头与样点特性第1排序轴的夹角分析，地形因子与样点特性的第一排序轴相关性大小为：海拔＞坡度＞坡形，这些地形因子与第1排序轴正相关。坡向＞坡位，与第1排序轴负相关。结合表6的相关系数矩阵可得，所选地形因子与第1排序轴的相关性大小为：坡向＞海拔＞坡度＞坡位＞坡形。与第2轴相比地形因子与样点的相关性较高，第1轴的环境解释量为98.7%也进一步证明了这一点，说明排序结果是可信的。

　　在没有明显的影响植被垂直分布地带性的海拔梯度时，坡向成为影响不同森林群落内草本植物分布及其多样性的首要地形因子。植物生长主要受水热条件影响，海拔和光照时影响水分和热量分布的最主要因子。在相似的海拔梯度内，不同的光照条件主要有坡向决定的，也从侧面说明了，坡向是影响草本植物分布及其多样性的重要影响因子。从以上这些分析可以得出选取的地形因子对样点草本的影响程度大小依次为：坡向＞海拔＞坡度＞坡位＞坡形。坡向是样点草本植物空间差异的最主要地形制约因子。

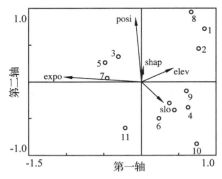

图 8-2　典型森林群落样点和地形因子的 cca 排序图

Fig. 8-2　Ordination diagram of the first two axes of canonical correspondence analysis of sample and terrain factors

表 8-13 排序轴与样方环境因子间的相关系数

Tab. 8-13 Correlation coefficients for the correlation coefficient between

Sort axis plots and environmental factors

	SPEC1	elev	expo	slop	shap	posi
elev	− 0.373					
expo	0.933 **	− 0.336				
slop	− 0.263	− 0.056	− 0.157			
shap	− 0.006	− 0.357	0.03	0.603 *		
posi	0.073	− 0.041	0.202	0.169	0.341	
SPEC2	− 0.975 **	0.334	− 0.921 **	0.305	− 0.027	− 0.239

* : $p < 0.05$ * * : $p < 0.01$ SPX1 – SPX2 前 2 轴信息   The information of 2 axes

8.5 小 结

综合分析这三个样地的乔木、灌木和草本多样性的各项指数,可以看出在同一群落中,由于环境等因素具有一定的相似性,从而不同的指数变化规律也表现出一定相似性,具体表现为乔木的多样性指数变化幅度不大,主要与选取的样地面积大小有关;灌木的各项指数具有同一规律,同升同降比较明显。草本的各项指数呈规律性波动状态,主要受地形和植被的影响;对不同群落中,灌木的各项多样性指数仍能表现出一定得相似性,但是,草本没有明显的规律。对三个标准地分别按水平方向和竖直方向进行比较,发现竖直方向上的一致性规律大于水平方向,说明在较小的海拔范围内物种多样性指数随海拔高度变化不明显。而受地形等其他因素影响较大。因此我们可进一步研究地形对乔木、灌木和草本多样性的影响规律。

在对冀北山地 12 个典型森林群落的草本植物与影响其种类和组成的地形因子进行初步分析,得出以下结果:不同森林群落类型内的草本植物种类和数量不同,复层结构内灌木较少,草本种类和数量较多,单层结构林分内灌木较多,但同时抑制了草本的生长。纯林和混交林内各草本指数没有表现出明显的林分差异,说明森林群落类型虽然影响草本植物的种类和组成,作为反映草本总体情况的多样性的指数,还受到其他环境因子的影响。对处在同一演替发展阶段的不同森林群落是否都具有相同的草本多样性分布规律，还有待于进一步研究。随海拔高度的增加，物种多样性，均匀度指数和丰富度指数呈现正相关性，但没有线性上升的趋势关系。海拔虽然是作为影响水热条件的主要因素，但在相近的适合植物多样性发展的中海拔地区，海拔对植物多样性指数的影响不明显，植物多样性指数受综合因素影响。

对冀北山地 12 个典型森林群落的草本植物多样性与地形因子进行 cca 排序，可以得出选取的地形因子对样点草本的影响程度大小依次为：坡向＞海拔＞坡度＞坡位＞坡形。坡向是样点草本植物空间差异的最主要地形制约因子。这也说明了在水分条件差别不大的情况下，光照成为了限制草本植物分布规律的重要因子。在坡向一定的情况下，如何进一步改善光照条件是促进草本生成的关键。我们可进一步探讨不同坡向或微地形因子对整个群落及群落内乔灌草各层次的异质性贡献，以及各群落对地形变换的敏感性等方向进行研究。

第9章 基于种群数量径阶谱法的
森林演替规律研究

在一定的空间范围内生态系统随着时间的推移被不同的生态系统所替代，这种现象即是演替。演替按性质的不同分为原生演替和次生演替。原生演替最终形成结构和功能与当地环境条件协调一致，整体稳定，不再发生相互替代的群落，称为顶级群落或顶级生态系统，也称原生群落。顶级群落受到严重干扰发生结构性的根本变化时所发生的演替称为次生演替。次生演替存在两种演替方向，当干扰的外力大于群落本身的恢复能力时，群落发生退化，称为逆行演替。一旦群落自身的恢复能力大于干扰破坏力，则群落开始恢复，演替向顶级方向进行，称为进展演替（李景文，1994）。近年来，由于群落演替与植被恢复重建联系密切，其相关研究越来越受到重视。然而关于天然次生林演替的研究并不多见。同原生演替系列相比，次生演替系列一个最主要的特点就是群落组成种类大大减少，而在群落中起决定作用的种类数量更少。如何实现次生林的定向演替与人工促进恢复，已经成为当前森林经营面临的首要问题（屈红军，2008）。比较研究这些主要种类的生态学特性和生理生态特性，在一定程度上明确群落的演替规律及其机制，可为同类地区退化生态系统恢复和重建提供科学依据（赵伟等，2010）。

森林演替是森林生态动力源驱动下森林再生的生态学过程，自20世纪初建立群落演替理论以来，演替研究成为生态学研究中的热点。客观准确地认识森林演替规律，研究森林演替动力学机理及其模型，是科学管理森林生态系统的需要；对于天然林保护工程与森林植被的恢复重建，具有重要的理论与实际意义。干扰是森林循环的驱动力，导致森林生态系统时空异质性，是更新格局和生态学过程的主要影响因素。它可改变资源的有效性，干扰导致的林隙是森林循环的起点（王纪军，2004）。对森林的演替动态进行研究，揭示其发展变化的规律，预测未来森林面貌，不仅能够丰富森林演替研究的科学资料，具有学术价值，而且对公益林总体规划设计、保护策略的制定均有现实的应用价值(王德艺，2003)。

本文采用种群数量径阶频谱(简称种群数量径阶谱)的方法对冀北山地三种典型森林演替的概况进行分析，以此预测森林演替的趋势。本研究乔木的起测胸径为4cm，乔木按4cm一个径阶区分，胸径<4cm的个体列为幼苗，在20m×20m的小样方中随机取三个，对所有的幼树地径进行调查。分别统计标准地内各个树种每个径阶的林木数量和更新幼苗的数量比例，列出种群数量径阶谱，并绘出径阶谱图和幼苗更新状况图。通过图上各树种径阶谱的形状区分为巩固型、进展型和衰退型，并根据它们在群落中的地位和数量预测群落的演替动态。

9.1　华北落叶松桦木针阔混交林的演替

华北落叶松桦木针阔混交林林分位于海拔1800m的阳坡，坡度28°。林龄25年左右，郁闭度0.8的单层林。此林分是引针入阔林(采伐后，阔叶树种为天然更新树种，人工栽植华北落叶松，为主要目的经营树种，而培育成的华北落叶松桦木针阔混交林)，目前优势种是华北落叶松。根据林内各树种个体数量的径阶分布频谱(图9-1)和20m×20m样方内林木幼苗更新表(表9-1)可以看出华北落叶松、白桦和黑桦的径阶图谱近似纺锤形，存在一定波动性。由于华北落叶松是引入种，整体看华北落叶松生长状况良好，呈进展态势将在相当长的时间内数量保持稳定。相较于华北落叶松，白桦和黑桦虽也是纺锤形，但其数量明显有减少趋势，在幼苗更新表中并没有调查到有桦木幼苗。椴树与五角枫径阶>12cm的个体基本没有，而且椴树在调查中发现断桩较多(人为采集椴树花，将树木拦腰截断导致的破坏)，虽然林下幼苗更新量大，但由于林分郁闭度较大(0.8)，椴树和五角枫的更新与生存将会受到影响。并不一定替代华北落叶松桦木成为优势树种。

综合整个标准地的林木生长和培育状况，它的演替状况目前是：华北落叶松、白桦和黑桦是优势树种，竞争激烈。由于人为干扰引入种华北落叶松，在华北落叶松幼苗期，桦木为萌蘖苗生长较快，占绝对优势，人为控制桦木的数量，给华北落叶松幼苗生长提供更多更好更充足的空间；华北落叶松20年生以后，因为是实生苗生长速度比较快，而桦木为萌蘖苗，后期生长较差，所以，华北落叶松将会渐渐成为优势种群。从现场调查发现，华北落叶松更新幼苗较少，桦木为萌蘖苗更新，所以，长期来看，若无人为干扰，桦木更新远远优于华北落叶松幼苗更新，将成为主导树种，形成较稳定的桦木阔叶混交林。但是在人为干扰下，该林分的演替将是：人为促进华北落叶松幼苗更新，增强华北落叶松的竞争优势，形成华北落叶松桦木混交林，提供更大的经济和生态效益。

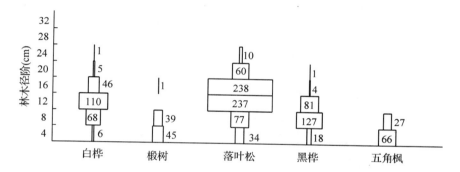

图9-1 华北落叶松桦木针阔混交林的种群径阶谱

Fig. 9-1　Population size order spectrum of *Larix principis-rupprechtii* + *Betula* ssp. mixed forest

（注：图中的数字为各个径阶的密度，单位为株/hm²）

表9-1 华北落叶松桦木针阔混交林幼苗更新表（株/hm²）

Tab. 9-1　Seedling update tables of *Larix principis-rupprechtii* + *Betula* ssp. mixed forest

树种	椴树	蒙古栎	五角枫
数量	1125	125	1900

9.2　山杨桦木阔叶混交林的演替

山杨桦木阔叶混交林是天然次生林，位于海拔1600m的阴坡，坡度15°～30°，林分郁闭度0.7，为单层天然林，林内树种间竞争较大。林内各树种个体数量的径阶分布频谱（图9-2）和林木幼苗更新表（表9-2），显示白桦和黑桦的生长趋势良好，径阶谱上均为纺锤形，林内桦木的更新主要是萌蘖繁殖，并伴随着林下幼苗更新，分布较为均匀，则可在林内长期保持一定比例。山杨数量最大，分布均匀，且伴随着幼苗更新，图 9-2 中可看出山杨是呈增长态势，属于优势种。但是，由于山杨和桦木均属于阳性树种，林下幼苗更新相对困难，后期可以能会被阴性树种幼苗更新所代替。糠椴在该标准地中没有大径阶的林木，且在标准地中调查时发现断桩较多（人为采集椴树花，将树木拦腰截断导致的破坏），但其幼苗更新良好，表明糠椴在此林分中呈缓慢的衰退态势，在后期可能会由于郁闭度等的关系使其在林内无法更新。对于蒙古栎、五角枫和油松，这三个树种只有幼苗并无大树，为新入侵种。蒙古栎和五角枫都是喜阳树种，随着白桦和山杨的生长，郁闭度增大，蒙古栎与五角枫的幼苗的生长将会受到影响。而油松幼苗喜阴，所以该入侵种在未来相当长的时间内还会增加，有可能长成大树。并且有可能在更远期的林分中占据主导地位。

　　山杨桦木阔叶混交林是天然次生林，由林内各树种个体数量的径阶分布频谱和林木幼苗更新表及实地调查结果可看出，林分未来的演替规律可能是：由山杨桦木阔叶混交林→蒙古栎桦木油松混交林→蒙古栎油松混交林，但也存在着很大的不确定性因素。在后期的演替进程中又会受到人为影响，所以演替阶段可能会改变。

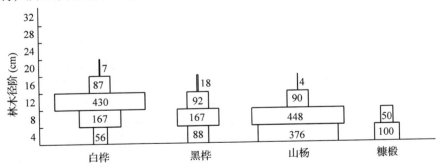

图 9-2　山杨桦木阔叶混交林的种群径阶谱

Fig. 9-2　Population size order spectrum of *Populus davidiana* + *Betula* ssp. mixed forest

表 9-2 山杨桦木阔叶混交林幼苗更新表(株/hm²)

Tab. 9-2 Seedling update tables of *Populus davidiana* + *Betula* ssp. mixed forest

树种	黑桦	糠椴	蒙古栎	山杨	五角枫	油松
数量	275	200	800	100	1950	1000

9.3 油松蒙古栎针阔混交林的演替

油松蒙古栎针阔混交林位于海拔 1200m，坡度为 35°的直线型坡体上。林分为油松蒙古栎针阔混交的天然复层林，郁闭度为 0.7。由林内各树种个体数量的径阶分布频谱(图 9-3)和林木幼苗更新表(表 9-3)能很明显的发现油松在该林分中是优势树种，其林木径阶谱明显的上小下大，并有大量的幼苗补充，而且分布均匀，是典型的进展种。蒙古栎的径阶图谱呈纺锤形，且具有一定的幼苗补充，从数量上比较：蒙古栎是仅次于油松的优势树种，在未来的一段时期内保持稳定或有所增长，属于巩固种。黑榆在图谱中是呈进展状态，但是它没有幼苗更新，而且在实地调查中发现，黑榆的生长比较集中，分布并不均匀，所以黑榆暂时不可能取代油松和蒙古栎成为优势树种。而在幼苗更新调查中发现有少量的椴树，为弱势群体，并没有大树，由此可判断其为新侵入种。

油松蒙古栎针阔混交林从现场调查发现：油松和蒙古栎分布相对集中，在坡上位以油松纯林为主，由于林下针叶比较厚，幼苗分布和生长都比较少，天然更新困难；坡中部为油松蒙古栎黑榆针阔混交林，林下枯落物分解比较充分，土壤条件较好，油松和蒙古栎幼苗分布相对均匀，更新比较理想；坡下位以蒙古栎纯林为主，林下有蒙古栎幼苗，但是生长较差，多为萌蘖苗，林下也有零星分布的油松幼苗，长势比较良好。森林的演替受立地条件、气候等的影响会有所波动，如果立地条件中等，油松蒙古栎混交林会更多地在竞争中向更稳定的油松蒙古栎混交林的方向充分发展，只是其混交比例可能会在环境的调节和竞争中有所变化。油松纯林的林下更新困难，必须有阔叶树种进来，促进林下针叶分解，给幼苗生根发芽提供条件，蒙古栎和黑榆幼苗比较喜光，在林下更新较差，不如耐阴的油松幼苗长势好，油松会顶替蒙古栎和黑榆，但是油松纯林的林下更新困难，必然会随着时间的推移，将会有一部分弱势林木死亡，形成林间空隙，这时候蒙古栎和黑榆幼苗就可以生长起来，所以，周而复始，最终还是将会形成油松—蒙古栎—黑榆混交林的顶级群落。

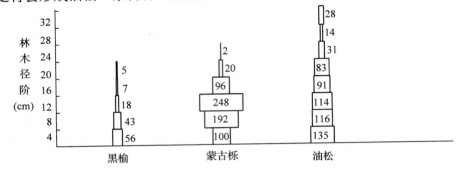

图9-3   油松蒙古栎针阔混交林的种群径阶谱

Fig. 9-3   Population size order spectrum of *Pinus tabulaeformis* + *Quercus mongolica* mixed forest

表9-3   油松蒙古栎针阔混交林幼苗更新表(株/hm²)

Tab. 9-3   Seedling update tables of *Pinus tabulaeformis* + *Quercus mongolica* mixed forest

树种	糠椴	蒙古栎	油松
数量	125	400	1425

9.4   小   结

本文采用种群数量径阶频谱(简称种群数量径阶谱)的方法对冀北山地三种典型森林演替的概况进行分析，结果表明：华北落叶松桦木针阔混交林中华北落叶松、白桦和黑桦的径阶图谱近似纺锤形，存在一定波动性，整体上看华北落叶松生长状况良好，呈进展态势，为优势树种。长期来看，华北落叶松桦木针阔混交林若无人为干扰，桦木更新远远优于华北落叶松幼苗更新，将成为主导树种，形成较稳定的桦木阔叶混交林。但是在人为干扰下，人为促进华北落叶松幼苗更新，增强华北落叶松的竞争优势，将形成华北落叶松桦木混交林。

山杨桦木阔叶混交林林分从径阶分布频谱看出，白桦和黑桦的生长趋势良好，生长稳定，山杨数量最大，分布均匀，幼苗更新好，呈增长态势，是优势种。糠椴是衰退种。蒙古栎、五角枫和油松只有幼苗并无大树，为新入侵种。林分未来的演替规律可能是：由山杨桦木阔叶混交林→五角枫蒙古栎桦木油松林→蒙古栎油松混交林，但也存在着很大的不确定性因素。在后期的演替进程中又会受到人为影响，所以演替阶段可能会改变。

油松蒙古栎针阔混交林林分中，油松在该林分中是优势树种，且具有一定的幼苗补充，是典型的进展种。蒙古栎是仅次于油松的优势树种，属于巩固种。黑榆在图谱中是呈进展状态，但没幼苗更新，演替不稳定。油松蒙古栎针阔混交林现状是坡上油松纯林，坡中油松蒙古栎黑榆针阔混交，坡下蒙古栎纯林，油松蒙古栎混交林会更多地在竞争中向更稳定的油松蒙古栎混交林的方向充分发展，只是其混交比例可能会在环境的调节和竞争中有所变化，接近于顶级相对稳定群落。

总之，华北落叶松桦木针阔混交林受人为干扰后形成的，山杨桦木混交林和油松蒙古栎混交林则均是天然次生林。在后期的演替进程中有可能受到人为影响，所以演替阶段不尽相同。该三种群落类型中几乎所有的树种的更新都具有波动现象，使径阶分布出现断层或差异，这几乎是普遍现象，它给森林演替的预测增加了不确定性。

第 10 章　华北落叶松人工林边缘效应研究

华北落叶松是冀北山地分布最广、蓄积量最大的主要森林生态树种，对冀北山地涵养水源、防风固沙以及林区生态系统的形成与维护发挥着不可代替的作用。华北落叶松人工林不仅缓解了来自内蒙古高原浑善达克沙地沙尘暴对京、津地区的侵袭，同时净化了滦河上游的水质，成为京、津生态安全的绿色屏障。华北落叶松作为木兰林管局经营的主要树种，其总体质量直接关系到京、津地区的生态环境建设。

目前国内研究边缘效应多集中在自然保护区、防护林带的设计与管理、物种多样性保护、提高作物产量等方面（渠春梅，2000；杨延福，1997；杜心田，2002；陈利顶，2004）；国外学者有通过边缘效应探讨风能源的利用情况（Dalp，2009），且有研究表明可以通过边缘效应改良林地环境。此外，在森林生态系统中，边缘效应的存在使林外、内的林木生长情况有所差异，在某一范围内，存在着林木生长的最佳环境，因此，建议利用边缘这一空间优势，为确定最佳经营密度提高依据。目前，边缘效应的应用研究仍处于初步阶段，利用边缘效应产生更多的生态和经济效益、为人类及整个生物圈服务是摆在许多生态学者面前的一项艰巨任务。

10.1　不同密度林缘对相对光照度的影响

为了便于比较不同密度林分森林边缘的光照度，在此对同一密度林分边缘处的光照度进行相对光照度的处理，即将距森林边缘每米处的光照度除以森林边缘（0m）处的光照度，用%表示。结果如图 10-1 所示。600 株/hm² 密度林分的林缘处相对光照度在 95%～100% 之间，即光照度并未随距边缘距离的增大而显著变化，表现在图形上近似呈水平直线；密度为 950 株/hm² 的林分相对光照度在这六种密度林分中变化范围最大，从 100% 降到 3.65% 左右，造成这种结果的原因可能与其所处的海拔有关（1660m），在这六种不同密度林分中处于最低水平。随边缘距离的增大，相对光照度先减小，随后趋于稳定，拐点大概在 20～21m 之间；密度为 1200 株/hm² 的林分相对光照度变化范围为 34.03%～100%，相对光照度趋于稳定时对应的边缘距离为 15～16m；密度为 1650 株/hm² 的林分相对光照度变化范围为 20.63%～100%，相对光照度趋于稳定时对应的边缘距离为 12～13m；密度为 1950 株/hm² 的林分相对光照度变化范围为 20.79%～100%，相对光照度趋于稳定时对应的边缘距离为 10～11m；密度为 2250 株/hm² 林分在距林缘较短距离内就随着距离的增加而急剧减小，随后便趋于平稳，拐点大概在 7～8m 之间。

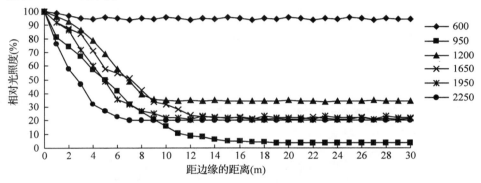

图 10-1　不同密度林分相对光照度与林缘距离的关系

Fig. 10-1　The relationship between relative light intensity and distance to the edge of different density stands

10.2　不同密度林缘对物种丰富度的影响

丰富度是群落物种多样性丰富程度的反应，当个体数量一定时，物种数越多，物种丰富度越大，反之亦然。将此丰富度指数与距林缘距离建立关系(图 10-2)。六种不同密度的林分草本植物 Menhinick 丰富度指数随林缘距离的变化基本表现为随林缘距离的增大先减少后趋于稳定的趋势。其中，600 株/hm² 密度林分的林缘处丰富度指数在 2.06～1.87 之间，即草本植物的物种丰富度并未随距边缘距离的增大而显著变化，如图所示近似呈水平直线；密度为950株/hm²的林分丰富度指数从1.98下降到1.50，随林缘距离增大先减小后趋于稳定，当达到20~21m时即趋于稳定；密度为1200株/hm²的林分丰富度指数总体值均偏小，变化范围为1.70~1.14，丰富度指数趋于稳定时对应的边缘距离为15~16m；密度为1650株/hm²的林分丰富度指数变化范围为1.80~1.36，丰富度指数趋于稳定时对应的边缘距离为12m左右；密度为1950株/hm²的林分丰富度指数变化范围为1.94~1.29，丰富度指数趋于稳定时对应的边缘距离为10~11m；密度为2250株/hm²林分丰富度指数在距林缘较短距离内就随着距离的增加而急剧减小，随后趋于平稳，变化范围为2.12~1.23，拐点大概在7m左右。由草本植物Menhinick丰富度指数所得出的林缘趋于稳定时的距离值与由相对光照度所得出的距离值基本相同，说明通过相对光照度及草本植物Menhinick丰富度指数都可较好的反应不同密度林分的边缘效应。

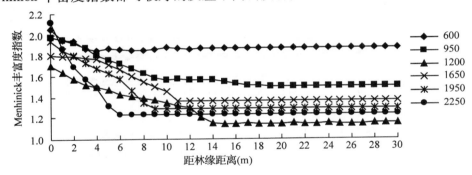

图 10-2   不同密度林分丰富度指数与林缘距离的关系

Fig. 10-2   The relationship between richness index and distance to the edge of different density stands

10.3   不同密度林缘对土壤物理性质的影响

10.3.1   不同密度林缘对土壤容重的影响

土壤容重是土壤物理性质的重要参数，对土壤的透气性、入渗性能、持水能力、溶质迁移特征以及土壤的抗侵蚀能力都有非常大的影响。一般认为，土壤容重小则土壤疏松，有利于拦蓄降水，减缓径流冲刷。容重大则相反。为了比较不同密度及同一密度林缘处土壤容重变化规律,距林缘每隔5m处取土样,计算该样点处不同土层的土壤容重均值,结果如图10-3所示。

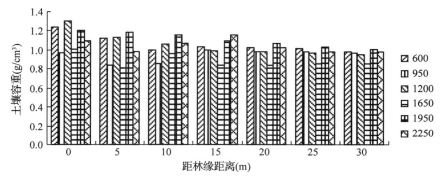

图10-3 不同密度林分土壤容重与林缘距离的关系

Fig. 10-3 The relationship between soil bulk density and distance to the edge of different density stands

由图10-3可知,除950株/hm²密度林分,其余五种密度林分林缘处土壤容重均随林缘距离的增大而减小,即从森林边缘到林内,土壤容重基本呈减小的趋势,说明越往林内土壤越疏松,越有利于拦蓄降水,进而减缓径流对土壤的冲刷。

对六种不同密度林地林缘处的土壤容重进行双因素方差分析,并对密度及距林缘距离分别进行单个变量的 S – N – K 多重检验。由组间效应可知(表10-1),林缘处土壤容重各密度的差异极其显著($F = 10.838$,显著水平 $0.000 < 0.01$);土壤容重距林缘的不同距离差异也极显著($F = 4.328$,显著水平 $0.003 < 0.01$)。且由密度的多重检验可知,950株/hm²与1650株/hm²土壤容重均值分别为0.9420、0.8820,两者均值比较的概率 p 值为0.111,大于0.05,则这两种密度的土壤容重之间无明显差异;600、1200、1950、2250株/hm²容重均值分别为1.0588、1.0555、1.1094、1.0422,这四种密度均值比较的概率 p 值为0.276,大于0.05,因此这四种密度容重之间无明显差异。由距林缘不同距离的多重检验可知,5、10、15、20、25、30m处的土壤容重均值分别为1.0115、1.0171、1.0191、0.9885、0.9733、0.9594,他们均值比较的概率 p 值为0.660,大于0.05,

可以认为这几种距离之间的土壤容重无明显差异，而 0m 处土壤容重为
1.1361，与其他距离的差异较显著。

表 10-1　不同密度林分林缘土壤物理性质组间效应检验

Tab. 10-1　Test of between – subjects effects of soil physical properties of
the forest edge of different density stands

	源	均方	F	Sig.
土壤容重	密度	0.051	10.838	0.000
	距林缘距离	0.020	4.328	0.003
土壤总孔隙度	密度	302.905	17.076	0.000
	距林缘距离	25.269	1.425	0.238

10.3.2　不同密度林缘对土壤总孔隙度的影响

　　土壤孔隙度是土壤健康的重要物理性质之一，团聚性较好的土壤和松
散的土壤孔隙度较高，前者粗细孔的比例较适合地面植物的健康生长，土
粒分散和紧实的土壤，孔隙度低且细孔隙较多。孔隙度良好的土壤能满足
植物对水分和空气的要求，有利于养分状况调节和根系伸展。由图 10-4 可
知，六种不同密度林分林缘处土壤总孔隙度变化不一。其中，600、1200、
1950 株/hm² 密度的林分，林缘处土壤总孔隙度随着距林缘距离的增加逐渐
增大；950、1650 株/hm² 密度的林分，土壤总孔隙度随着距林缘距离的增
加先增大后减小；而 2250 株/hm² 密度的林分林缘处土壤总孔隙度随着距
林缘距离的增加先增大后减小而后又逐渐增大。

　　对六种不同密度林地林缘处的土壤总孔隙度进行双因素方差分析，并
对密度及距林缘距离分别进行单个变量的 S – N – K 多重检验。由组间效应
可知(表 10-1)，林缘处土壤总孔隙度各密度的差异极其显著($F = 17.076$，
显著水平 0.000 < 0.01)；土壤总孔隙度距林缘的不同距离差异不显著
($F = 1.425$，显著水平 0.238 > 0.05)。且由密度的多重检验可知，600、
1200、1950、2250 株/hm² 土壤总孔隙度均值分别为 47.5852、47.1775、
50.4534、44.8406，他们均值比较的概率 p 值为 0.081，大于 0.05，可以
认为这四种密度的土壤总孔隙度之间无明显差异；950、1650 株/hm² 容重
均值分别为 58.9022、60.5643，这两种密度均值比较的概率 p 值为 0.466，

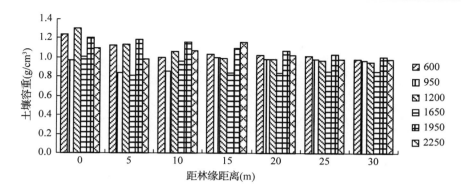

图 10-4 不同密度林分土壤总孔隙度与林缘距离的关系

Fig. 10-4 The relationship between total soil porosity and distance to the edge of different density stands

大于 0.05，因此这两种密度总孔隙度之间无明显差异。

10.4 不同密度林缘对土壤化学性质的影响

10.4.1 不同密度林缘对土壤 pH 值的影响

土壤酸碱性是重要的土壤化学性质，其变化能够直接影响到土壤生态系统的化学和生物过程，是土壤养分和重金属等污染物有效性和迁移性的重要限制性因素（白军红，2005）。由图 10-5 可知，不同密度不同林缘处土壤 pH 值均呈微酸性，范围 4.92～6.02。对同一密度林分，随距林缘距离增大，pH 值变化趋势不稳定，有的先增大后减小，有的先减小后增大，有的则经过多次大小变化。

对六种不同密度林地林缘处的土壤 pH 值进行双因素方差分析，并对密度及距林缘距离分别进行单个变量的 S-N-K 多重检验。由组间效应可知（表 10-2），林缘处土壤 pH 值各密度的差异极其显著（$F = 171.515$，显著水平 $0.000 < 0.01$）；土壤 pH 值距林缘的不同距离差异不显著（$F = 1.945$，显著水平 $0.106 > 0.05$）。且由密度的多重检验可知，600、2250 株/hm² 土壤 pH 值均值分别为 5.0339、5.0566，他们均值比较的概率 p 值为 0.561，大于 0.05，可以认为两者的土壤 pH 值之间无明显差异；而其余四种密度则分别与其他密度林分 pH 值差异较显著。因此不同林缘处的

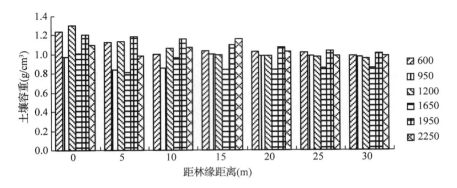

图 10-5　不同密度林分土壤 pH 值与林缘距离的关系

Fig. 10-5　The relationship between soil pH value and distance to the edge of different density stands

土壤 pH 值不能较好的反映森林的边缘效应。

表 10-2　不同密度林分林缘土壤化学性质组间效应检验

Tab 10-2　Test of between-subjects effects of soil chemical properties of the forest edge of different density stands

	源	均方	F	Sig.
pH 值	密度	0.895	171.515	0.000
	距林缘距离	0.010	1.945	0.106
有机质含量	密度	385.768	6.171	0.000
	距林缘距离	6.494	0.104	0.995

10.4.2　不同密度林缘对土壤有机质的影响

土壤有机质是土壤的重要组成部分，它是土壤中各种营养元素特别是氮、磷的重要来源，是土壤微生物生命活动的能源，并能改善土壤理化性状，因此，土壤有机质含量的多少是土壤肥力高低的一个重要指标，在一定程度上反映着土壤健康状况(周丽艳，2005；安渊，1999)。由图 10-6 可知，六种不同密度林缘的土壤有机质含量变化较大，从 55.46g/kg 到 93.44g/kg 不等。然而，对同一密度林分，随林缘距离的增大，土壤有机质含量并未一直增大或减小，而是呈现不规则的变化趋势，即有的林分林缘处有机质含量大于林内，而有的则小于林内。

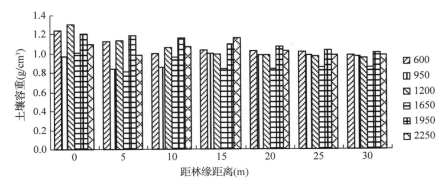

图 10-6　不同密度林分土壤有机质含量与林缘距离的关系

Fig. 10-6　The relationship between soil organic content and distance to
the edge of different density stands

　　对六种不同密度林地林缘处的土壤有机质含量进行双因素方差分析，并对密度及距林缘距离分别进行单个变量的 S－N－K 多重检验。由组间效应可知（表 10-2），林缘处土壤有机质含量各密度的差异极其显著（$F = 6.171$，显著水平 $0.000 < 0.01$）；土壤有机质含量距林缘的不同距离差异不显著（$F = 0.104$，显著水平 $0.995 > 0.05$）。因此不同林缘处的土壤有机质含量不能较好的反映森林的边缘效应。且由密度的多重检验可知，600、1950、2250 株/hm² 密度林分的土壤有机质含量均值分别为 72.8174、63.0961、69.2984，他们均值比较的概率 p 值为 0.071，大于 0.05，因此这三种密度的土壤有机质含量之间无明显差异；1650 株/hm² 密度林分的土壤有机质含量均值为 76.4033，它与 600、2250 株/hm² 三者均值比较的概率 p 值为 0.291，大于 0.05，因此这三种密度的土壤有机质含量之间无明显差异；950、1200 株/hm² 密度林分的土壤有机质含量均值分别为 82.7965、81.5248，两者与 600、1650 株/hm² 密度林分均值比较的概率 p 值为 0.107，大于 0.05，因此这四种密度的土壤有机质含量之间无明显差异。

10.4.3　不同密度林缘对土壤全量养分的影响

　　土壤中的全氮、全磷、全钾是土壤肥力特征的重要指标，反映了土壤养分的潜在供应水平。而全钙和全镁则属于土壤中的碱性阳离子，这些离子的存在又与土壤的淋溶程度、土壤发育的程度、土壤的酸碱度、土壤养分元素的存在形态和有效程度、土壤结构、土壤微生物区系等有很大关系（程瑞梅，2009）。由表 10-3 可见，五种全量养分含量，随着距林缘距离的增加，均未表现出明显的边缘效应。

表10-3　不同密度林分林缘土壤全量养分含量
Tab 10-3　Soil total nutrients content of the forest edge of different density stands

密度 （株/hm²）	距林缘距离 （m）	全氮 （g/kg）	全磷 （g/kg）	全钾 （g/kg）	全钙 （g/kg）	全镁 （g/kg）
	0	0.8969	0.6670	18.4085	3.5054	7.3928
	5	0.9315	0.6453	16.1686	2.4666	6.2728
	10	0.9623	0.7062	18.1572	4.8456	6.9639
600	15	0.9249	0.6674	16.1236	5.4126	6.3445
	20	0.9245	0.6725	16.8435	6.5864	6.1686
	25	0.9243	0.6767	17.4754	7.3577	5.9035
	30	0.9240	0.6798	17.7753	8.0773	5.8230
	0	1.2507	1.2158	17.4403	3.5334	4.7992
	5	1.2059	1.2107	16.1227	4.5503	4.4102
	10	1.3403	1.2361	16.7482	3.1866	4.4550
950	15	1.2189	1.2351	18.4813	2.3463	4.8880
	20	1.2135	1.2167	18.6534	3.2976	4.6056
	25	1.2100	1.1975	18.8065	3.5864	4.5264
	30	1.2087	1.1739	19.0835	3.7706	4.3973
	0	0.8979	0.7413	17.6808	11.0996	7.2658
	5	0.8997	0.7346	36.2463	12.2640	7.1229
	10	0.8820	0.6315	35.7111	9.7686	8.7348
1200	15	0.8848	0.6642	34.3785	15.8177	9.5189
	20	0.9024	0.7145	25.6535	13.1433	8.3457
	25	0.9183	0.7358	17.4600	11.6864	7.9654
	30	0.9265	0.7786	13.8114	9.8361	7.3120

（续）

密度 （株/hm²）	距林缘距离 （m）	全氮 （g/kg）	全磷 （g/kg）	全钾 （g/kg）	全钙 （g/kg）	全镁 （g/kg）
	0	1.1779	1.2130	18.0142	1.8502	4.9443
	5	1.1069	1.0869	18.2422	2.4975	5.1388
	10	1.0584	1.1163	18.2542	2.5667	4.7067
1650	15	0.9277	1.1869	18.9788	2.0103	4.3505
	20	1.0944	1.2155	19.6865	2.8645	4.8754
	25	1.1458	1.2355	20.5463	3.5874	5.2466
	30	1.2357	1.2512	20.9233	4.0078	5.7263
	0	0.7935	0.8435	20.9300	4.7643	5.3782
	5	0.7254	0.8025	20.4676	4.5964	5.4626
	10	0.6642	0.8254	19.4783	4.4036	5.3084
1950	15	0.6244	0.8402	20.0465	4.3576	5.2875
	20	0.6367	0.8632	20.1864	4.3895	5.3357
	25	0.6461	0.8793	20.2686	4.4277	5.3075
	30	0.6524	0.8998	20.3930	4.4658	5.2818
	0	0.8979	0.7814	16.4213	4.0925	6.1801
	5	0.8960	0.8954	16.3429	6.7964	4.8307
	10	0.9053	0.6595	16.8936	4.0771	7.0567
2250	15	0.8839	0.6982	17.7828	3.0396	7.2412
	20	0.9204	0.6925	17.9534	3.3656	7.2521
	25	0.9424	0.7014	18.2445	3.6533	7.2697
	30	0.9613	0.7059	18.5654	3.9575	7.2823

　　分别对六种不同密度林地林缘处的土壤全量养分含量进行双因素方差分析，并对密度及距林缘距离分别进行单个变量的 S - N - K 多重检验。由组间效应可知（表 10-4），林缘处土壤全氮含量各密度的差异极其显著（$F = 97.813$，显著水平 $0.000 < 0.01$）；距林缘的不同距离差异不显著（$F = 1.493$，显著水平 $0.124 > 0.05$）。且由密度的多重检验可知，1200、2250、600 株/hm² 密度林分的土壤全氮含量均值分别为 0.9017、0.9153、0.9269，他们均值比较的概率 p 值为 0.631，大于 0.05，因此这三种密度

的土壤全氮含量之间无明显差异；而 950、1650、1950 株/hm² 密度林分的土壤全氮含量均值分别为 1.2354、1.1067、0.6776，他们分别与其他林分土壤全氮含量存在较明显差异。

表 10-4　不同密度林分林缘土壤全量养分组间效应检验

Tab 10-4　Test of between-subjects effects of soil total nutrients content of the forest edge of different density stands

	源	均方	F	Sig.
全氮	密度	0.257	97.813	0.000
	距林缘距离	0.004	1.493	0.214
全磷	密度	0.413	162.300	0.000
	距林缘距离	0.002	0.763	0.605
全钾	密度	73.406	4.112	0.006
	距林缘距离	8.632	0.484	0.815
全钙	密度	78.285	38.28	0.000
	距林缘距离	0.949	0.464	0.829
全镁	密度	11.624	31.136	0.000
	距林缘距离	0.337	0.904	0.505

由表 10-4 可知，林缘处土壤全磷含量各密度的差异极其显著（F = 162.300，显著水平 0.000 < 0.01）；距林缘的不同距离差异不显著（F = 0.763，显著水平 0.605 > 0.05）。且由密度的多重检验可知，600、1200、2250 株/hm² 密度林分的土壤全磷含量均值分别为 0.6736、0.7144、0.7335，他们均值比较的概率 p 值为 0.084，大于 0.05，因此这三种密度的土壤全磷含量之间无明显差异；1650、950 株/hm² 密度林分的土壤全磷含量均值分别为 1.1865、1.2122，他们均值比较的概率 p 值为 0.347，大于 0.05，因此这两种密度的土壤全磷含量之间无明显差异；而 1950 株/hm² 密度林分的土壤全磷含量均值为 0.8506，与其他林分土壤全磷含量差异较明显。

由表 10-4 可知，林缘处土壤全钾含量各密度的差异极其显著（F = 4.112，显著水平 0.006 < 0.01）；距林缘的不同距离差异不显著（F = 0.484，显著水平 0.815 > 0.05）。且由密度的多重检验可知，600、2250、

950、1650、1950 株/hm² 密度林分的土壤全钾含量均值分别为 17.2789、17.4577、17.9051、19.2351、20.2529，他们均值比较的概率 p 值为 0.683，大于 0.05，因此这五种密度的土壤全钾含量之间无明显差异；而 1200 株/hm² 密度林分的土壤全钾含量均值为 25.8488，与其他林分土壤全钾含量差异较明显。

由表 10-4 可知，林缘处土壤全钙含量各密度的差异极其显著（F = 38.280，显著水平 0.000 < 0.01）；距林缘的不同距离差异不显著（F = 0.464，显著水平 0.829 > 0.05）。且由密度的多重检验可知，1650、950、2250、1950 株/hm² 密度林分的土壤全钙含量均值分别为 2.7692、3.4673、4.1403、4.4864，他们均值比较的概率 p 值为 0.134，大于 0.05，因此这四种密度的土壤全钙含量之间无明显差异；600 株/hm² 密度林分的土壤全钙含量均值为 5.4645，与上述后三种全钙含量均值比较的概率 p 值为 0.063，大于 0.05，因此这四种密度的土壤全钙含量之间无明显差异；而 1200 株/hm² 密度林分的土壤全钙含量均值为 11.9451，与其他林分土壤全钙含量差异较明显。

由表 10-4 可知，林缘处土壤全镁含量各密度的差异极其显著（F = 31.136，显著水平 0.000 < 0.01）；距林缘的不同距离差异不显著（F = 0.904，显著水平 0.505 > 0.05）。且由密度的多重检验可知，950、1650、1950 株/hm² 密度林分的土壤全镁含量均值分别为 4.5831、4.9984、5.3374，他们均值比较的概率 p 值为 0.070，大于 0.05，因此这三种密度的土壤全镁含量之间无明显差异；600、2250 株/hm² 密度林分的土壤全镁含量均值分别为 6.4099、6.7304，他们均值比较的概率 p 值为 0.334，大于 0.05，因此这两种密度的土壤全镁含量之间无明显差异；而 1200 株/hm² 密度林分的土壤全镁含量均值为 8.0379，与其他林分土壤全镁含量存在较明显差异。

11.4.4 不同密度林缘对土壤速效养分的影响

碱解氮、速效磷、速效钾是植物生长养分的即时供应者，土壤中的氮、磷、钾养分总是处于无效态、有效态相互转化的动态平衡中，速效态养分的含量可以衡量当季植物对养分的需求。如表 10-5 所示，三种速效养分含量，随着距林缘距离的增加，均未表现出明显的边缘效应。

对六种不同密度林地林缘处的土壤速效养分含量进行双因素方差分析，并对密度及距林缘距离分别进行单个变量的 S－N－K 多重检验。由组间效应可知（表 10-6），林缘处土壤碱解氮含量各密度的差异极其显著（F = 19.409，显著水平 0.000 < 0.01）；距林缘的不同距离差异不显著（F = 0.161，显著水平 0.985 > 0.05）。且由密度的多重检验可知，1950 株/hm² 密度林分的土壤碱解氮含量均值最小为 54.7570，与其他林分土壤碱解氮含量存在较明显差异；1650、950、600、2250 株/hm² 密度林分的土壤碱解氮含量均值分别为 68.8237、69.7478、75.8476、75.9738，他们均值比较的概率 p 值为 0.087，大于 0.05，因此这四种密度的土壤碱解氮含量之间无明显差异；而 1200 株/hm² 密度林分的土壤碱解氮含量均值最大为 80.5257，它与 600、2250 株/hm² 密度林分的土壤碱解氮含量均值比较的概率 p 值为 0.257，大于 0.05，因此这三种密度的土壤碱解氮含量之间无明显差异。

表 10-5　不同密度林分林缘土壤速效养分含量

Tab 10-5　Soil available nutrients content of the forest edge of different density stands

密度 （株/hm²）	距林缘距离 （m）	碱解氮 （g/kg）	速效磷含量 （mg/kg）	速效钾含量 （mg/kg）
600	0	63.5833	24.0832	74.8675
	5	78.6333	27.6409	96.2883
	10	72.6833	21.6201	104.8525
	15	73.1500	21.0728	96.8042
	20	78.5640	23.4657	95.6423
	25	80.4356	25.0475	94.6500
	30	83.8833	26.5463	93.9075
950	0	71.1667	37.7668	138.7475
	5	76.4750	25.9989	112.3083
	10	69.7667	36.9458	164.2842
	15	65.8583	37.2195	118.4917
	20	67.6942	32.6875	118.3600
	25	68.2657	30.6543	118.2542
	30	69.0083	29.5567	118.1217

（续）

密度 （株/hm²）	距林缘距离 （m）	碱解氮 （g/kg）	速效磷含量 （mg/kg）	速效钾含量 （mg/kg）
1200	0	83.6500	24.6305	193.6225
	5	79.8000	21.8938	247.0600
	10	91.2333	23.2622	245.0850
	15	80.9667	18.8834	200.1375
	20	78.0345	18.9543	206.2546
	25	76.1456	19.0342	212.4352
	30	73.8500	19.1571	218.5717
1650	0	68.6583	19.1571	96.7367
	5	66.0333	22.7148	118.7058
	10	71.3083	11.7232	104.8525
	15	58.1583	36.1248	120.1017
	20	67.3452	24.0354	137.0865
	25	72.8543	20.9645	148.5460
	30	77.4083	16.6940	162.4875
1950	0	54.0244	32.9654	157.4756
	5	52.5684	30.3255	169.4560
	10	58.2430	28.9640	160.2350
	15	56.4660	29.5863	158.5765
	20	55.3765	31.5787	157.3665
	25	53.6543	30.5780	156.7833
	30	52.9667	29.8303	71.6933
2250	0	77.5833	15.0520	134.9058
	5	73.9667	24.3569	177.4692
	10	69.4167	25.1779	102.4125
	15	83.6500	20.7991	216.4983
	20	79.4563	24.4650	160.3654
	25	75.6433	28.5256	116.5467
	30	72.1000	32.8407	74.3875

表 10-6　不同密度林分林缘土壤速效养分组间效应检验

Tab 10-6　Test of between-subjects effects of soil available nutrients content of the forest edge of different density stands

	源	均方	F	Sig.
碱解氮	密度	572. 736	19. 409	0. 000
	距林缘距离	4. 753	0. 161	0. 985
速效磷	密度	168. 585	7. 061	0. 000
	距林缘距离	3. 731	0. 156	0. 986
速效钾	密度	11924. 412	14. 272	0. 000
	距林缘距离	708. 162	0. 848	0. 544

由表 10-6 可知，林缘处土壤速效磷含量各密度的差异极其显著（$F = 7.061$，显著水平 $0.000 < 0.01$）；距林缘的不同距离差异不显著（$F = 0.156$，显著水平 $0.986 > 0.05$）。且由密度的多重检验可知，1200、1650、600、2250 株/hm² 密度林分的土壤速效磷含量均值分别为 20.8308、21.6306、24.2109、24.4596，他们均值比较的概率 p 值为 0.516，大于 0.05，因此这四种密度的土壤速效磷含量之间无明显差异；1950 株/hm² 密度林分的土壤速效磷含量均值分别为 30.5469，它与 600、2250 株/hm² 密度林分的土壤速效磷含量均值比较的概率 p 值为 0.054，大于 0.05，因此这三种密度的土壤速效磷含量之间无明显差异；而 950 株/hm² 密度林分的土壤速效磷含量均值最大为 32.9756，与 1950 株/hm² 密度林分的土壤速效磷含量均值比较的概率 p 值为 0.360，大于 0.05，因此这两种密度的土壤速效磷含量之间无明显差异。

由表 10-6 可知，林缘处土壤速效钾含量各密度的差异极其显著（$F = 14.272$，显著水平 $0.000 < 0.01$）；距林缘的不同距离差异不显著（$F = 0.848$，显著水平 $0.544 > 0.05$）。且由密度的多重检验可知，600、1650、950 株/hm² 密度林分的土壤速效磷含量均值分别为 93.8589、126.9309、126.9382，他们均值比较的概率 p 值为 0.099，大于 0.05，因此这三种密度的土壤速效磷含量之间无明显差异；2250、1950 株/hm² 密度林分的土壤速效磷含量均值分别为 140.3693、147.3694，它们与 1650、950 株/hm² 密度林分的土壤速效钾含量均值比较的概率 p 值为 0.556，大于 0.05，因此这四种密度的土壤速效钾含量之间无明显差异；而 1200 株/hm² 密度林分的土壤速效钾含量均值最大为 217.5952，与其他林分土壤速效钾含量存在较明显差异。

10.5 小 结

600 株/hm² 密度林分林缘处的相对光照度及草本植物 Menhinick 丰富度指数并未随林缘距离的增大而显著变化，基本呈水平直线分布；其余密度先减少后趋于稳定，稳定值分别出现在距林缘 20 ~ 21m、15 ~ 16m、12 ~ 13m、10 ~ 11m、7 ~ 8m 之间。说明通过相对光照度及丰富度指数可较好的反映林缘效应。

除 950 株/hm² 密度林分，其余密度林分林缘处土壤容重均随林缘距离的增大而减小，说明越往林内土壤越疏松，越有利于拦蓄降水。林缘处土壤容重各密度及距林缘不同距离均极显著；总孔隙度各密度的差异极显著，而距林缘的不同距离差异不显著。

不同密度林分林缘处土壤 pH 值、有机质、全量养分及速效养分含量差异均极显著，而这些养分含量距林缘不同距离的差异均不显著，说明随林缘距离的增加，土壤养分含量并未表现出明显的林缘效应。

第 11 章　林分结构调整方案

实现森林可持续经营的基础是拥有健康稳定的森林,因此现代森林经营的首要经营目的是培育健康稳定的森林,发挥森林在维持生物多样性和保护生态环境方面的价值,这就要在森林培育和利用中遵循生态优先的原则,保证森林处于一种合理的状态之中。这个合理状态表现在合理的结构、功能和其他特征及其持续性上;按照森林的自然生长规律和演替过程安排经营措施,其最终目标就是要保持森林处于一种合理的状态,因此对于偏离了预期状态的森林就必须要通过林分结构的调整使其达到人们的预期状态(惠刚盈等,2007;2009)。森林经营的理论和方法有很多,本研究主要通过森林结构化经营的方法调整森林结构使其满足人类生态、生产和生活需求。

11.1　结构化森林经营的理念和原则

惠刚盈(2007)等在森林可持续经营的原则指导下提出了基于林分空间结构优化的森林经营方法——结构化森林经营。结构化森林经营从现代森林经营的角度出发,提倡"以树为本、培育为主、生态优先"的经营理念,以培育健康稳定的森林为目标,根据结构决定功能的原理以优化林分空间结构为手段,注重改善林分空间结构状况,按照森林的自然生长和演替过程安排经营措施。针对每一种林分从空间结构指标(林木分布格局、顶极种优势度、树种多样性)和非空间结构指标(直径分布、树种组成和立木覆盖度)两方面分析其经营迫切性,首先伐除不具活力的非健康个体,并针对顶极或主要伴生树种的中大径木的空间结构参数如角尺度($W_i = 1$ 或 $W_i = 0.75$ 林木的相邻木属于潜在的采伐对象)、竞争树大小比数($U_i = 1$ 或 $U_i = 0.75$ 林木的相邻木属于潜在的采伐对象)和混交度($M_i = 0$ 或 $M_i = 0.25$ 林木的相邻木属于潜在的采伐对象)来进行空间结构调整,使经营对象处于竞争优势或不受到挤压的威胁，整个林分的格局趋于随机分布，群落生物多样性得到提高，从而使组成林分的林木个体和组成森林的森林种群即林分群体均获得健康。将经营中获得的林产品视为中间产物而不是经营目标，认为唯有创建或维护最佳的森林空间结构，才能获得健康稳定的森林生态系统（惠刚盈等，2009）。

结构化森林经营的原则：

（1）以原始林为参考依据。尽量以同地段未经人为干扰或经过轻微干扰并得到恢复的天然林为模式。这种天然林空间结构经历了千百万年的自然选择、演替，林木之间的空间关系复杂多样，高度共存共荣、协调发展，其生态效益远远高于其他类型林分，并充分适应当地的气候条件。因此可将这种天然林空间结构作为同地段其他类型林分的经营方向。

（2）连续覆盖。尽量减少对森林的干扰，只有在林分郁闭度不小于0.7的情况下才进行经营采伐，否则应对其进行封育和补植；禁止皆伐，达到目标直径的采用单株采伐；保持林冠的连续覆盖，控制其郁闭度。相邻大径木不能同时采伐，按1倍树高原则确定下一株最近的相邻采伐木。

（3）生态有益性。禁止采伐稀有或濒危树种，保护林分树种的多样性，以乡土树种为主，选用生态适宜种增加树种混交，保护并促进林分天然更新，以维护森林生态系统的可持续发展。

（4）针对顶极种和主要伴生种的中大径木进行竞争调节。大多数天然林树种众多，关系错综复杂，想在所经营林分内保证所有林木都具有竞争优势是不可能的。因此，经营时以调节林分内顶极树种和主要伴生树种的中大径木的空间结构为主，保持建群树种的生长优势并减少其竞争压力，促进建群树种的健康生长。

11.2　结构化经营方法

结构化森林经营的采伐方式为：分别标记保留木和采伐木，实行单株择伐，禁止皆伐。根据经营原则和经营方向确定保留对象和采伐对象，针对林分的具体情况，采用不同的经营措施，维护森林生态系统的持续生产能力。

11.2.1　保留木与采伐木的确定

11.2.1.1　培育和保留对象

（1）稀有种、濒危种和散布在林分中的古树。为了保护林分的多样性和稳定性，禁止对珍贵濒危树种的林木进行采伐利用。

（2）顶极树种和主要伴生树种的中大径木中具有生长优势和培育价值的林木。具有生长优势是指生长健康，干形通直完满，生长潜力旺盛；具有培育价值是指同树种单木竞争中占优势种地位。不同地区有不同类型的森林群落分布，同一地区因局部环境的不同也会有不同的群落类型，每种类型森林群落的演替过程中优势种的变化也有区别。所以说确定顶极树种和主要伴生树种是确定保留和培育对象的关键环节。

11.2.1.2　可进行采伐利用的林木

（1）除稀有种、濒危种及古树外的所有病腐木、断梢木及特别弯曲的林木。为防止病菌滋生和漫延，改善林分的卫生状况，应立即伐除病腐木；断梢木和特别弯曲的个体已失去了生长优势和培育前途，在经营时也可采伐，不仅可以促进林下更新，而且还可以产生一定的经济效益，当然这也许会增加一些抚育成本，但从长远来看，培育大径级木材所获得的效益还是远大于投入的成本。

（2）影响顶极树种、稀有种、濒危种生长发育的其他树种的林木，尽量使保留的中大径木的竞争大小比数不大于 0.25，即能够使保留木处于优势地位或不受到遮盖、挤压威胁，使培育目标树尽可能的获得生长空间。

（3）达到自然成熟（达到目标直径）的树种单木。结构化森林经营不以木材生产为目的，也不排斥木材生产，而是一种保护而不保守的经营，在有效保护森林的同时对其进行合理利用。林木在进入自然成熟后，林木生长势下降，高生长停滞，生长量减少，梢头干枯，甚至出现心腐现象，因此结构化森林经营可根据林分的综合状况，在林木个体达到自然成熟时对其进行适当采伐。对于不同的树种或不同的地区，达到自然成熟的年龄和直径都是不同的。

11.2.2　林木分布格局的调整方法

林木分布格局是林分空间结构的一个重要方面，是种群生物学特性、种内与种间关系的体现。随着空间结构参数角尺度的发现，出现了以空间结构参数为基础的采伐木选择方法，为实现调整林木分布格局提供了切实可行操作技术。

通常情况下，林分如果不受严重干扰，经过漫长的进展演替后，顶级群落的水平分布格局应为随机分布。因此，格局调整的方向应是将非随机分布的林分调整为随机分布型，也就是应将左右不对称的林分角尺度分布调整为左右基本对称。判断所经营林分的角尺度分布是否是随机分布，0.5 取值的两侧是否对称，如果不是，则将分布格局向随机分布调整，原有的随机分布结构单元尽量不做调整，主要是平衡格局中团状和均匀分布的结构单元的比例，促进林分的角尺度分布更为均衡。在进行林木分布格局调整时主要针对顶极树种和主要伴生树种的中、大径进行调整，并不需要对林分内的每株林木进行调整，这样做既没有必要也不现实。下面介绍运用角尺度法对林木水平分布格局调整的方法。

以落叶松桦木混交林为例，调整前角尺度平均值为 0.52，主要树种白桦和黑桦分别为 0.54 和 0.53，属于团状分布，是需要调整的对象；落叶松为 0.506 属于随机分布，无需调整。调整前角尺度分布中取值 0.5 的左右两侧频率相差不大；为了使林分从团状分布向随机分布演变，应调整该林分的空间分布格局，促进角尺度分布左右基本对称，降低 W 值，角尺度取值为 0.75 和 1 的单木为潜在的调整对象。具体做法是将角尺度取值为 1 或 0.75 的目标树与其最近 4 株相邻木组成的结构单元作为调整对象，综合考虑目标树与相邻木的混交、竞争关系以及相邻木的个体健康状况等因素，确定调整的相邻木，并将其作为采伐木伐除。白桦调整前后的点格局分布如图 11-1 所示。上例中，经调整后，使得角尺度分布中取值 0.5 的左侧频率上升右侧频率下降，角尺度取值为 0.5 的单木比例有所升高，处于 0.25、0.75 和 1 的比例均有所下降，林分的平均角尺度降至 0.475 ~ 0.517 之间，林分分布格局转变为随机分布。

11.2.3 对于不同树种组成的调整方法

进行树种组成调整时以地带性植被或乡土树种组成和配置为依据，根据不同情况确定经营措施。

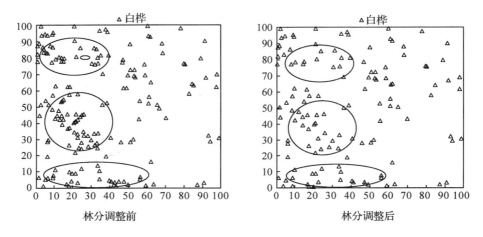

林分调整前　　　　　　　　　　林分调整后

图 11-1　白桦种群团状分布调整对比图

Fig. 11-1　Mass shape distribution adjust contrast diagram of White birch

11. 2. 3. 1　林分混交度调整

　　林分内中、大径木不缺乏顶极树种或主要伴生种，而有足够的母树或更新幼苗时，树种组成调节的主要任务就是调节混交度。一般认为，随着演替进展，林分内各树种间的隔离程度增加，这是稳定森林结构中相同树种减少对各种资源竞争的一种策略，也就是说，树种隔离程度越高，林分结构越稳定。因此，当林分组成以顶极树种或乡土树种占优势，林下更新良好时，林分调整方向应该是提高林分混交度，优化资源配置。在进行经营时，将林分中主要树种的混交度取值为 0、0.25 的单木作为潜在的调整对象然后综合考虑林木的分布格局、竞争关系、目标树培养、树种多样性等因素进行调整。

　　落叶松与桦木混交林中混交度为 0 和 0.25 的主要树种有落叶松、黑桦和白桦，在调整混交度时要明确调整目的，围绕落叶松进行调整，因为从格局调整来看白桦和黑桦混交度低主要是由于其分布成团状造成的，在降低角尺度的同时就自动的增加了其混交度。在对混交度进行调整的时候必须综合考虑各种因素，不可简单地通过伐除同类相邻树种为主要调整方式。

11. 2. 3. 2　调整顶极树种或乡土树种比例

　　如果所要经营林分内中大径木的树种组成缺乏顶极树种或主要伴生树

种，而林分内又没有足够的母树或更新幼苗，则必须人工补植顶极树种或主要伴生树种。补植采用"见缝插针"的方法，即根据立地条件、林分格局状况，结合区域微地形状况，利用天然或人工形成的林隙、林窗，以单株或植生组形式栽植顶极树种或主要伴生种的单木。补植的株数根据采伐株数确定，补植的强度应与采伐强度持平或略高以保证相同的经营密度，补植时也应充分考虑物种多样性原则。补植树木的位置应尽量选在林窗或人为有目的造成的林隙中，通常将能促进林分水平格局向随机分布演变的位置视为最佳的位置选择。

11.2.4　竞争关系的调整方法

林木竞争关系调节必须依托于可靠的并且简洁直观的量化指标。大小比数将参照树与相邻木的相对关系数量化，可直接应用于竞争关系的判定和调整。因为大小比数体现了结构单元中参照树与相邻木在胸径、树高或冠幅等方面大小关系，在竞争调节中更富有成效，特别是在目标树单木培育体系中更容易表达目标树与其周围相邻木的竞争关系，在实际中容易操作。当然，不可能在森林中针对每株林木个体进行逐株调节，一个富有成效而可行的经营策略显然就是要围绕经营目标，采取针对顶极树种或主要伴生树种的中、大径木来进行竞争关系的调整。调整顶极树种小径木（包括更新幼苗幼树）的竞争树大小比数，应从减少确定好的目标树的竞争压力出发，营造目标树最适宜的营养环境空间为原则，尽可能地减少相邻竞争木对目标树的挤压，为其生长提供有利的空间环境。调整优势树种或主要伴生树种的大、中径木时，应使经营木的竞争大小比数不大于 0.25。

大小比数可以用胸径、树高或冠幅等作为比较指标，因此，在调整保留木或目标树的竞争关系时，这几个指标均可作为评判的依据，例如将树冠之间的遮盖、挤压或相距最近的林木认为是竞争树，或者根据胸断面积的大小判断保留木或目标树与周围相近树木的竞争关系，从而调整目标树与竞争木间的竞争关系；也可以通过把树高作为比较指标作为调整林层结构的依据。复层林被认为是较为稳定且对空间利用较为合理的林分结构，因此，培育复层林层结构是结构化森林经营的方向，通过调整树高大小比数是实现林分垂直分化的一个重要途径，也是调整林木间竞争关系，充分利用林分空间的一个重要手段。

11. 2. 5   径级结构的调整方法

大多数天然林直径分布为倒"J"形（于政中，1993；Garcia，*et al*，1999），所以，经营后的林分的直径分布也应保持这种统计特性。同龄林与异龄林在林分结构上有着明显的区别。就冠层和直径结构来说，同龄林具有一个匀称、整齐划一的林冠，在同龄林分中，最小的林木尽管生长落后于其他林木，胸径很细，但树高仍能达到同一林冠层；同龄林分直径结构近于正态分布，以林分平均直径所在径阶内的林木株数最多，其他径阶的林木株数向两端逐渐减少。相反，异龄林分的林冠则是不整齐的和不匀称的，异龄林分中较常见的情况是最小径阶的林木株数最多，随着直径的增大，林木株数开始时急剧减少，达到一定直径后，株数减少幅度渐趋平稳，而呈现为近似双曲线形式的反"J"形曲线。因此，在对同龄林或人工林的径级结构调整时，要在保持林分郁闭度为 0.6 以上的前提下，逐步降低胸高直径在平均直径所在径阶范围附近的林木株数比例，同时，保留干形通直完满，生长健康胸径较大的林木，并促进林下天然更新，增加小径木的比例，引入高价值和优良的乡土树种，提高森林生态系统的树种多样性，改善林分结构。

11. 2. 6   林分更新

森林更新是一个重要的生态学过程，是森林持续发展与持续利用的基础，森林更新状况的好坏是关系到森林可持续发展与生态系统稳定的一个关键因素，同时也是衡量一种森林经营方式好坏的重要标志之一。森林更新与森林采伐密切相关，不同的采伐方式对应不同的更新方法。保持持续的林下更新能力是结构化森林经营的一个重要的目标。

结构化森林经营方法的抚育采伐方式主要是单株择伐作业或群团状择伐，因此，森林更新的方式比较灵活多样，具体方式依据经营林分类型和经营目标确定。通过对经营林分的更新调查和评价，分析查找更新不良林分的原因，并在了解更新树种的生物学特性的基础上促进林分更新。对人工林而言，主要以人工更新的措施为主，在林间空地、林缘引入乡土树种和顶极树种进行补植补造，辅以天然更新；对于次生林以天然更新为主，人工促进天然更新和人工更新为辅。主要措施是在林分中保留一定数量和质量的母树，提高种源数量和质量，或者在林间空地、林缘引入乡土树种和顶极树种进行补植补造；人工促进天然更新等辅助性措施主要是人为埋种、整地等，例如枯枝落叶物过厚会影响到天然下种后种子的萌发，这就需要通过整地、人为埋种等措施促进林木更新（胡艳波，2010）。

11.3 小 结

将点格局理论和林木空间整体结构理论结合起来，通过对健康森林生态系统和顶级群落结构特征的分析和模拟，得出森林生态系统的结构最优化模式；对林木水平分布格局，树种组成和竞争关系的调整使得森林生态系统结构化最优。通过结构化森林经营摸索出一定的空间结构优化规律，优化森林经营方案，在没有定位数据的大规模经营时，根据单株林分所处小环境的具体情况，制定经营措施，实现森林的可持续经营。

参考文献

[1] 安渊，徐柱，闫志坚. 不同退化梯度草地植物和土壤差异[J]. 中国草地，1999，(4)：31~36.

[2] 白军红，欧阳华，邓伟，等. 湿地氮素传输过程研究进展[J]. 生态学报，2005，25(2)：326~333.

[3] 毕润成，杨焕根，朱新军. 山西霍山落叶阔叶林边缘效应的研究[J]. 西北植物学报，2004，24(8)：1441~1447.

[4] 毕晓丽，洪伟，吴承祯，等. 黄山松林不同树种树冠分形特征研究[J]. 福建林学院学报，2001，21(4)：347~350.

[5] 蔡燕，杨灿朝，梁伟，等. 人工林对海南鹦哥岭鸟类多样性的影响[J]. 四川动物，2009，28(5)：764~767..

[6] 曹长雷，高玮，由玉岩，等. 次生林斑块的边缘效应对鸟类分布格局的影响[J]. 四川师范大学学报(自然科学版)，2010，33(2)：247~250.

[7] 陈辉，刘玉宝，陈福甫. 南方红豆杉扦插基质配方优化的研究[J]. 福建林学院学报，2000，19(4)：292~295.

[8] 陈昌雄，陈平留. 闽北天然次生林林木直径分布规律的研究[J]. 福建林业学报，1996，16(2)：122~125.

[9] 陈东来，秦淑英. 山杨天然林林分结构的研究[J]. 河北农业大学学报，1994，17(1)：36~43.

[10] 陈利顶，徐建英，傅伯杰，等. 斑块边缘效应的定量评价及其生态学意义[J]. 生态学报，2004，24(9)：1827~1832.

[11] 陈灵芝，马克平. 生物多样性科学：原理与实践[M]. 北京：上海科学技术出版社，2001.

[12] 陈新美，张会儒，武纪成，等. 栎树林直径分布模拟研究[J]. 林业资源管理，2008，2(1)：39~42.

[13] 程瑞梅，王晓荣，肖文发，等. 三峡库区消落带水淹初期土壤物理性质及金属含量初探[J]. 水土保持学报，2009，23(5)：156~161.

[14] 代力民，孙伟中，邓红兵，等. 长白山北坡椴树阔叶红松林群落主要树种的年龄结构研究[J]. 林业科学，2002，38(3)：73~77.

［15］戴继先. 华北落叶松人工林直径树高结构规律的研究［J］. 山西林业科技，1993，（3）：15～18.

［16］邓文洪，赵匠，高玮. 破碎化次生林斑块面积及栖息地质量对繁殖鸟类群落结构的影响［J］. 生态学报，2003，23（6）：1087～1094.

［17］邓文洪，高玮. 破碎化次生林斑块面积及斑块隔离对大山雀繁殖成功的影响［J］. 应用生态学报，2001，12（4）：527～531.

［18］丁宏，周永斌，崔建国. 辽阳地区杨树人工林边缘效应研究［J］. 林业科技，2008，33（3）：15～18.

［19］丁圣彦，宋永昌. 浙江天童国家森林公园常绿阔叶林演替前期的群落生态学特征［J］. 植物生态学报，1999，23（2）：97～107.

［20］杜心田，王同朝. 植物群体边缘效应递减律及其意义［J］. 河南科学，2002，20（1）：47～51.

［21］段爱国，张建国，童书振. 16种生长方程在杉木人工林林分直径结构上的应用［J］. 林业科学研究，2003，16（4）：423～429.

［22］方精云，沈泽昊，唐志尧. "中国山地植物物种多样性调查计划"及若干技术规范［J］. 生物多样性，2004，12（1）：5～9.

［23］方精云. 探索中国山地植物多样性的分布规律［J］. 生物多样性，2004，12（1）：1～4.

［24］封磊，洪伟，吴承祯，等. 杉木人工林不同经营模式树冠的分形特征［J］. 应用与环境生物学报，2003，9（5）：455～459.

［25］高峻，张劲松，孟平. 分形理论及其在林业科学中的应用［J］. 世界林业研究，2004，17（6）：13～14.

［26］高贤明，陈灵芝. 北京山区辽东栎群落物种多样性的研究［J］. 植物生态学报，1998，22（1）：23～32.

［27］高育剑，孔强，赵壮乐，等. 近自然林业在山体绿化规划设计中的应用［J］. 浙江林业科技，2004，24（2）：20～24.

［28］郭萍，马友鑫，张一平，等. 热带雨林片断植物叶温边缘效应的初步分析［J］. 北京林业大学学报，2003，25（1）：19～22.

［29］郭志华，张旭东，黄玲玲，等. 落叶阔叶树种蒙古栎（*Quercus mongolica*）对林缘不同光环境光能和水分的利用［J］. 生态学报，2006，26（4）：1047～1056.

［30］郭志坤. 西南桦人工林群落生态学特征研究［J］. 林业调查规划，2004，29（S）：256～261.

［31］郭忠玲，马元丹，郑金萍. 长白山落叶阔叶混交林的物种多样性、种群空间分布格局及种间关联性研究［J］. 应用生态学报，2004，15（11）：2013～2018.

[32] 韩东锋, 钱拴提, 孙丙寅. 等. 油松飞播林直径结构规律研究 [J]. 西北林学院学报, 2008, 23 (5): 182~187.

[33] 韩光瞬. 林木生长模型比较研究及四维表达 [D]. 北京: 北京林业大学, 2006.

[34] 韩有志, 王政权. 两个林分水曲柳土壤种子库空间格局的定量比较 [J]. 应用生态学报, 2003, 14 (4): 487~492.

[35] 郝占庆, 郭水良. 长白山北坡草本植物分布与环境关系的典范对应分析 [J]. 生态学报, 2003, 23 (10): 2001~2008.

[36] 何小琴. 六盘山林区植被恢复过程中物种多样性及其土壤肥力的演变 [D]. 兰州: 甘肃农业大学, 2007.

[37] 何兴元, 陈玮, 徐文铎. 沈阳城区绿地生态系统景观结构与异质性分析 [J]. 应用生态学报, 2003, 14 (12): 2085~2089.

[38] 贺金生, 陈伟列, 江明喜, 等. 长江三峡地区退化生态系统植物群落物种多样性特征 [J]. 生态学报, 1998, 18 (4): 399~407.

[39] 贺金生, 陈伟列, 李凌浩. 中国中亚热带东部常绿阔叶林主要类型的群落多样性特征 [J]. 植物生态学报 1998, 22 (4): 303~311.

[40] 贺金生, 马克平. 物种多样性 [G]. //蒋志刚, 马克平, 韩兴国. 保护生物学. 杭州: 杭州科学技术出版社, 1997.

[41] 洪伟, 吴承祯, 林成来, 等. 龙栖山黄山松种群优势度增长规律研究 [J]. 福建林学院学报, 1997, 17 (2): 97~101.

[42] 胡文力. 长白山过伐林区云冷杉针阔混交林分结构的研究 [D]. 北京: 北京林业大学, 2003.

[43] 胡艳波, 惠刚盈. 优化林分空间结构的森林经营方法探讨 [J]. 林业科学研究 2006, 19 (1): 1~8.

[44] 胡艳波. 基于结构化森林经营的天然异龄林空间优化经营模型研究 [D]. 北京: 中国林业科学研究院, 2010.

[45] 胡远满. 长白松自然同龄种群分布格局的研究 [J]. 应用生态学报, 1996, 7 (2): 113~116.

[46] 黄建辉, 高贤明, 马克平, 等. 地带性森林群落物种多样性的比较研究 [J]. 生态学报, 1997, 17 (6): 611~618.

[47] 黄世能, 王伯荪, 李意德. 海南岛尖峰岭次生热带山地雨林的边缘效应 [J]. 林业科学研究, 2004, 17 (6): 693~699.

[48] 黄宪明, 谢强报. 猫儿山南方铁杉钟种群结构和动态的初步研究 [J]. 广西师范大学学报, 2000, 18 (2): 86~90.

[49] 黄忠良, 孔国辉, 魏平. 鼎湖山植物物种多样性动态 [J]. 生物多样性, 1998, 6 (2):

116 ~ 121.

[50] 惠刚盈，Klaus von Gadow，胡艳波，等. 结构化森林经营[M]. 北京：中国林业出版社，2007：6 ~ 7.

[51] 惠刚盈，Klaus von Gasow，Matthias Albert. 一个新的林分空间结构参数——大小比数[J]. 林业科学研究，1999a，12(1)：1 ~ 6.

[52] 惠刚盈，Kv Gadow，胡艳波. 林分空间结构参数角尺度的标准角选择[J]. 林业科学研究，2004，17(6)：687 ~ 692.

[53] 惠刚盈，von Gasow K. 德国现代森林经营技术[M]. 北京：科学技术出版，2001a，66 ~ 134.

[54] 惠刚盈，胡艳波. 角尺度在林分空间结构调整中的应用[J]. 林业资源管理，2006，(2)：31 ~ 35.

[55] 惠刚盈，胡艳波，赵中华. 再论"结构化森林经营"[J]. 世界林业研究，2009，22(1)：14 ~ 19.

[56] 惠刚盈，胡艳波. 混交林树种空间隔离程度表达方式的研究[J]. 林业科学研究，2001b，14(1)：177 ~ 181.

[57] 惠刚盈，盛炜彤. 林分直径结构模型的研究[J]. 林业科学，1995，8(2)：127 ~ 131.

[58] 惠刚盈. Klaus von Gasow，Matthias Albert. 角尺度———一个描述林木个体分布格局的结构参数[J]. 林业科学，1999b，35(1)：37 ~ 42.

[59] 惠淑荣，吕永震. Weibull 分布函数在林分直径结构预测模型中的应用研究[J]. 北华大学学报(自然科学版)，2003，4(2)：101 ~ 104.

[60] 江波. 浙江省生态公益林群落结构特征及其调控研究[D]. 北京：北京林业大学，2000.

[61] 江洪. 东灵山植物群落生活型谱的比较研究[J]. 植物学报，1994，36(11)：884 ~ 894.

[62] 蒋艳，李玻，李任波. 滇中云南松胸径和树高生长的 GAM 模型[J]. 林业调查规划，2009，34(6)：13 ~ 14.

[63] 蒋有绪，郭泉水，马娟. 中国森林群落分类及其群落学特征[M]. 北京：科学出版社，1999.

[64] 金淑芳，宋国华，张伟. 天然次生林群落演替动态分析[J]. 黑龙江生态工程职业学院学报，2006，1：65 ~ 66.

[65] 孔令红. 金沟岭林场次生林结构研究[D]. 北京：北京林业大学，2007.

[66] 雷相东，唐守正. 林分结构多样性指标研究综述[J]. 林业科学，2002，38(3)：146 ~ 141.

[67] 雷相东，张则路，陈晓光. 长白落叶松等几个树种冠幅预测模型的研究[J]. 北京林

业大学学报，2006，(6)：75～79.

[68]李春晖. 浅谈近自然林业[J]. 中南林业调查规划，2001，20(1)：49～51.

[69]李东. 长白山河岸带森林群落结构与动态研究[D]. 哈尔滨：东北林业大学，2006.

[70]李凤日. 长白落叶松人工林树冠形状的模拟[J]. 林业科学，2004，40(5)：16～24.

[71]李火根，黄敏仁，王明麻. 3 种冠型分维数求算法在杨树无性系中的应用[J]. 南京林业大学学报，2005，29(6)：12～14.

[72]李建民. 光皮桦天然林群落特征研究[J]. 林业科学，2000，36(2)：122～124.

[73]李景文. 森林生态学[M]. 北京：高等教育出版社，1994.

[74]李军玲，张金屯. 太行山中段植物群落物种多样性与环境的关系[J]. 应用与环境生物学报，2006，12(6)：766～771.

[75]李利平. 北京雾灵山自然保护区植被分类与重点保护植物评价[D]. 北京：北京林业大学，2006.

[76]李明辉. 林分空间格局的研究方法[J]. 生态科学，2003，22(1)：77～81.

[77]李铭红，宋瑞生，姜云飞，等. 片断化常绿阔叶林的植物多样性[J]. 生态学报，2008，28(3)：1137～1146.

[78]李庆康，马克平. 植物群落演替过程中植物生理生态学特性及其主要环境因子的变化[J]. 植物生态学报，2002，26(S)：9～19.

[79]李晓慧，陆元昌，袁彩霞，等. 六盘山林区林分直径分布模型研究[J]. 内蒙古农业大学学报(自然科学版)，2006，27(4)：68～71.

[80]李毅，孙雪新，康向阳. 甘肃胡杨林分结构的研究[J]. 干旱区资源与环境，1994，8(3)：88～95.

[81]李正才，杨校生等. 毛竹天然林表型特征的地理变异研究[J]. 林业科学研究，2002，15(6)：654～659.

[82]刘灿然，马克平，于顺利，等. 北京东灵山地区植物群落多样性的研究Ⅳ样本大小对多样性测度的影响[J]. 生态学报，1991，17(6)：584～592.

[83]刘素青，李际平. 森林生态系统中林分胸径和树高的 Granger 因果关系研究[J]. 林业科技，2007，32(1)：8～10.

[84]刘喜悦，李世纯，孙悦华，等. 长白山次生林繁殖鸟的群落结构[J]. 动物学报，1998，44(1)：11～19.

[85]刘彦，余新晓，岳永杰. 北京密云水库集水区刺槐人工林空间结构分析[J]. 北京林业大学学报，2009，31(5)：25～28.

[86]刘云，侯世全，李明辉，等. 两种不同干扰方式下的天山云杉更新格局[J]. 北京林业大学学报，2005，27(1)：47～50.

[87]陆元昌. 近自然森林经营的理论和实践[M]. 北京：科学出版社，2006.

[88]陆元昌. 中国天然林保护工程区目前急需解决的技术问题和对策[J]. 林业科学研究，2003，16(6)：731~738.

[89]吕康梅. 长白山过伐林区云冷杉针阔混交林最优林分结构和最优生长动态的研究[D]. 北京：北京林业大学，2006.

[90]吕林昭. 长白山人工天然混交林结构动态研究[D]. 哈尔滨：东北林业大学，2007.

[91]吕仕洪，李先琨，向悟生. 广西弄岗五桠果叶木姜子群落结构特征与种群动态[J]. 植物资源与环境学报，2004，13(2)：25~30.

[92]罗瑞平. 黄龙山林区天然油松针阔混交林结构与更新特征的研究[D]. 北京：北京林业大学，2006.

[93]马克明，祖元刚. 兴安落叶松分枝格局的分形特征[J]. 植物研究，2000a，20(2)：235~241.

[94]马克明，祖元刚. 兴安落叶松种群格局的分形特征：计盒维数[J]. 植物研究，2000b，20(1)：104~111.

[95]马克明，祖元刚. 兴安落叶松种群格局的分形特征：信息维数[J]. 生态学报，2000c，20(2)：187~192.

[96]马克平，黄建辉，于顺利，等. 北京东灵山地区植物群落多样性研究Ⅱ：丰富度、均匀度和物种多样性指数[J]. 生态学报，1995a，15(3)：268~277.

[97]马克平，黄建辉. 北京东灵山地区植物群落多样性的研究[J]. 生态学报，1995b，15(3)：268~277.

[98]马克平，叶万辉，于顺利，等. 北京东灵山地区植物群落多样性研究Ⅷ：群落组成随海拔梯度的变化[J]. 生态学报，1997，17(6)：593~600.

[99]马克平. 生物群落多样性的测度方法[J]. 生物多样性，1994，2(3)：162~168.

[100]马文章，刘文耀，杨礼攀，等. 边缘效应对山地湿性常绿阔叶林附生植物的影响[J]. 生物多样性，2008，16(3)：245~254.

[101]马友平，冯仲科，刘永清. 日本落叶松人工林直径分布规律的研究[J]. 林业资源管理，2006，(5)：40~42.

[102]马友鑫，刘玉洪，张克映. 西双版纳热带雨林片断小气候边缘效应的初步研究[J]. 植物生态学报，1998，22(3)：250~255.

[103]孟宪宇，邱水文. 长白山落叶松直径分布收获模型的研究[M]. 北京林业大学学报，1991，13(4)：9~15.

[104]孟宪宇. 测树学[M]. 北京：中国林业出版社，1996.

[105]孟宪宇. 使用 Weibull 分布对人工油松林直径分布的研究[J]. 北京林学院学报，1985，(1)，30~40.

[106]孟宪宇. 使用 Weibull 函数对树高分布和直径分布的研究[J]. 北京林业大学学报，1988，10（1）：40~47.

[107]苗莉云，王孝安. 太白红杉群落交错带生态学特性的研究[D]. 西安：陕西师范大学，2005，4~6.

[108]苗秀莲，程波，贾少波，等. 聊城市春季鸟类分布的边缘效应[J]. 聊城大学学报（自然科学版），2005，18（1）：49~51.

[109]倪健. 区域尺度的中国植物功能型与生物群区[J]. 植物学报，2001，43（4）：419~425.

[110]牛翠娟，娄安如，孙濡泳，等. 基础生态学（第2版）[M]. 北京：高等教育出版社，2007，183~193.

[111]牛树奎，张永贺，段兆刚. 华北落叶松人工林林缘草本可燃物研究[J]. 北京林业大学学报，2000，22（4）：52~55.

[112]潘开文. 岷江上游暗针叶林采伐迹地人工混交林群落结构[J]. 武汉植物学研究，1999，17（2）：130~136.

[113]彭辉，刘善梅. 分形理论在植物形态模拟中的应用[J]. 农机化研究，2010：190~192.

[114]彭少麟，方炜，任海，等. 鼎湖山厚壳桂群落演替过程的组成和结构动态[J]. 植物生态学报，1998，22（3）：245~249.

[115]彭少麟，周厚成，陈天杏，等. 广东森林群落的组成结构数量特征[J]. 植物生态学与地植物学学报，1989，13（1）：10~17.

[116]秦安臣，刘健国. 秋千沟林场森林收获调整的多目标决策[J]. 林业资源管理，1996，（2）：31~40.

[117]屈红军，牟长城. 东北地区阔叶红松林恢复的相关问题研究[J]. 森林工程，2008，24（3）：19~22.

[118]渠春梅，韩兴国，苏波. 片断化森林的边缘效应与自然保护区的设计管理[J]. 生态学报，2000，20（1）：160~167.

[119]茹文明，张金屯，张峰. 历山森林群落物种多样性与群落结构研究[J]. 应用生态学报，2006，17（4）：561~566.

[120]邵青还. 德国的林业保护政策极其评价——中国林业如何走向21世纪[M]. 北京：中国林业出版社，1995，53~60.

[121]邵青还. 第二次林业革命——"接近自然的林业"在中欧兴起[J]. 世界林业研究，1991，（4）：8~14.

[122]沈国舫. 现代高效持续林业——中国林业发展道路的抉择[J]. 林业经济，1998，（4）：1~8.

[123] 沈泽昊,方精云,刘增力. 贡嘎山东坡植被垂直带谱的物种多样性格局分析. 植物生态学报,2001,25(6):721~732.

[124] 沈泽昊,刘增力,方精云. 贡嘎山海螺沟冷杉群落物种多样性与群落结构随海拔的变化[J]. 生物多样性,2004,12(2):237~244.

[125] 沈泽昊,刘增力,伍杰. 贡嘎山东坡植物区系的垂直分布格局[J]. 生物多样性,2004,12(1):89~98.

[126] 沈泽昊,张新时. 三峡大老岭森林物种多样性的空间割据分析及其地形解释[J]. 植物学报,2000,42(6):620~627.

[127] 石培礼,李文华,王金锡,等. 四川卧龙亚高山林线生态交错带群落的种——多度关系[J]. 生态学报,2000,20(3):384~389.

[128] 史军辉,鼎湖山针阔混交林木本植物种群的空间分布特征[J]. 南京林业大学学报,2006,30(5):34~38.

[129] 孙时轩. 造林学[M]. 北京:中国林业出版社,1992.

[130] 汤孟平,唐守正,雷相东,等. 两种混交度的比较分析[J]. 林业资源管理,2004,(4):25~27.

[131] 王本洋,余世孝,王永繁. 植被演替过程中种群格局动态的分形分析[J]. 植物生态学报,2006,30(6):924~930.

[132] 王伯荪,彭少麟. 鼎湖山森林群落分析——X 边缘效应[J]. 中山大学学报(自然科学版),1986,(4):52~56.

[133] 王得祥,刘建军,李登武. 秦岭山地华山松林群落学特征研究[J]. 应用生态学报,2004,15(3):357~362.

[134] 王德艺,李东义,冯学全. 暖温带森林生态系统[M]. 中国林业出版社,2003.

[135] 王惠恭. 华北地区油松人工林直径分布规律研究[J]. 山西农业大学学报(自然科学版),2008,28(2):190~193.

[136] 王纪军,裴铁璠. 气候变化对森林演替的影响[J]. 应用生态学报,2004,15(10):1722~1730.

[137] 王健锋,雷瑞德. 生态交错带研究进展[J]. 西北林学院学报,2002,17(4):24~28.

[138] 王立权. 新疆天山云杉群落结构特征研究[J]. 保定:河北农业大学,2006.

[139] 王良衍,王希华,宋永昌. 天童林场采用"近自然林业"理论恢复退化天然林和改造人工林研究[J]. 林业科技通讯,2000,(11):4~6.

[140] 王鹏. 马尾松人工混交林直径分布规律的研究[J]. 江西林业科技,2005,(4):6~7.

[141] 王庆锁,王襄平,罗菊春,等. 生态交错带与生物多样性[J]. 生物多样性,1997,5(2):126~131.

[142] 王如松，马世骏. 边缘效应及其在经济生态学中的应用[J]. 生态学杂志，1985，2：38~42.

[143] 王树力，葛剑平，刘吉春. 红松人工用材林近自然经营技术的研究[J]. 东北林业大学学报，2000，28(3)：22~25.

[144] 王文，王宁侠，袁力，等. 红花尔基草原—森林生态系统边缘效应对夏季鸟类群落结构影响[J]. 东北林业大学学报，2007，35(3)：64~67.

[145] 王文杰，祖元刚，杨逢建，等. 边缘效应带促进红松生长的光合生理生态学研究[J]. 生态学报，2003，23(11)：2318~2326.

[146] 王晓春，韩士杰. 长白山岳桦种群格局的地统计学分析[J]. 应用生态学报，2002，13(7)：781~784.

[147] 王雄宾，余新晓，徐成立，等. 间伐对华北落叶松人工林边缘效应的影响[J]. 北京林业大学学报，2009，31(5)：29~34.

[148] 王秀云，黄建松，程光明，等. 用 weibull 分布拟合刺槐林分直径结构的研究[J]. 林业勘察设计，2004，(2)：1~3.

[149] 王益和. 马尾松人工林相对树高曲线模型及其应用研究[J]. 福建林业科技，2000，27(1)：36~39.

[150] 王永繁，余世孝，刘蔚秋. 物种多样性指数及其分形分析[J]. 植物生态学报，2002，26(4)：391~395.

[151] 王战等. 长白山北坡主要森林类型及其群落结构特点[J]. 森林生态系统研究，1980，(1)：25~42.

[152] 王振亮，毕君. 太行山刺槐人工林直径分布规律的研究[J]. 河北林业科技，1994，(3)：15~18.

[153] 王峥峰，安树青，David G. Campell，等. 海南岛吊罗山山地雨林物种多样性[J]. 生态学报，1999，19(1)：61~67.

[154] 王峥峰，安树青，朱学雷，等. 热带森林乔木中种群分布格局及其研究方法的比较[J]. 应用生态学报，1998，9(6)：575~580.

[155] 卫丽，高亮，杜心田，等. 生物系统边缘效应定律及其在农业生产中的应用[J]. 中国农学通报，2003，19(5)：99~102.

[156] 温远光，元昌安，李信贤，等. 大明山中山植被恢复过程植物物种多样性的变化[J]. 植物生态学报，1998，22(1)：33~40.

[157] 乌玉娜，陶建平，赵科，等. 海南霸王岭天然次生林边缘效应下木质藤本的变化[J]. 林业科学，2010，46(5)：1~6.

[158] 邬建国. 景观生态学～格局、过程、尺度与等级[M]. 北京：高等教育出版社，2000.

[159] 吴承祯，洪伟. 杉木人工林直径结构模型的研究[J]. 福建林学院学报，1998，(2)：110~113.

[160] 奚为民. 雾灵山国家自然保护区森林群落物种多样性研究[J]. 生物多样性，1997，5(2)：121~125.

[161] 夏富才. 长白山阔叶红松林植物多样性及其群落空间结构研究[D]. 北京：北京林业大学，2007.

[162] 肖笃宁，李秀珍，高峻，等. 景观生态学[M]. 北京：科学出版社，2003.

[163] 肖锐，李凤日，刘兆刚. 樟子松人工林分枝结构的分析[J]. 植物研究，2006，491~493.

[164] 谢春华，魏杰，关文彬，等. 长江上游暗针叶林优势树种峨嵋冷杉的树体分维结构研究[J]. 应用生态学报，2002，13(7)：769~772.

[165] 谢晋阳，陈灵芝. 中国暖温带若干灌丛群落多样性问题的研究[J]. 植物生态学报，1997，21(3)：197~207.

[166] 邢韶华，袁秀. 北京雾灵山自然保护区胡桃楸群落结构[J]. 浙江林学院学报，2006，23(3)：290~296.

[167] 胥辉，全宏波. 思茅松标准树高曲线的研究[J]. 西南林学院学报，2000，20(2)：74~77.

[168] 徐化成. 大兴安岭森林[M]. 北京：科学出版社，1998：54~76.

[169] 徐文铎，何兴元，陈玮，等. 长白山植被类型特征与演替规律的研究[J]. 生态学杂志，2004，23(5)：162~174.

[170] 许彦红，杨宇明，杜凡，等. 西双版纳热带雨林林分直径结构研究[J]. 西南林学院学报，2004，24(2)：16~18.

[171] 薛建辉. 森林生态学[M]. 北京：中国林业出版社，2006.

[172] 薛俊杰，肖扬，等. 华北落叶松天然林年龄结构初步研究[J]. 林业科技通讯，2000，(4)：23~24.

[173] 闫东峰. 宝天曼自然保护区栎类天然次生林群落稳定性研究[D]. 郑州：河南农业大学，2005.

[174] 闫明，钟章成，乔秀红. 缙云山片断常绿阔叶林小气候边缘效应的初步研究[J]. 应用生态学报，2006，17(1)：17~21.

[175] 杨洪晓，张金屯，吴波，等. 毛乌素沙地油蒿种群点格局分析[J]. 植物生态学报，2006，30(4)：563~570.

[176] 杨延福，李树山. 侧柏林缘带改造成生物防火林带的探讨[J]. 山东消防，1997，(3)：42.

[177] 姚爱静. 晋西黄土区林分结构特征研究[D]. 北京：北京林业大学，2005.

[178] 叶万辉. 分数几何在林学和生态学上的应用[J]. 世界林业研究, 1993, (1): 1~24.

[179] 于顺利, 马克平, 陈灵芝, 等. 黑龙江省不同地点蒙古栎林生态特点研究[J]. 生态学报, 2001, 21 (1): 41~46.

[180] 于政中, 亢新刚, 李法胜, 等. 检查法第一经理期研究[J]. 林业科学, 1996, 32 (1): 24~23.

[181] 于政中. 森林经理学[M]. 北京: 中国林业出版社, 1993.

[182] 岳明. 秦岭及陕北黄土区辽东栎林群落物种多样性特征[J]. 西北植物学报, 1998, 18(1): 124~131.

[183] 岳永杰, 余新晓, 李钢铁, 等. 北京松山自然保护区蒙古栎林的空间结构特征[J]. 应用生态学报, 2009, 20(8): 1811~1816.

[184] 岳跃民, 王克林, 张伟. 基于典范对应分析的喀斯特峰丛洼地土壤~环境关系研究[J]. 环境科学, 2008, 29(5): 1400~1405.

[185] 臧润国, 刘世荣, 蒋有绪. 森林生物多样性保护原理概述[J]. 林业科学, 1999, 35 (4): 71~79.

[186] 臧润国, 杨彦承, 蒋有绪. 海南岛霸王岭热带山地雨林群落结构及树种多样性特征的研究[J]. 植物生态学报, 2001, 25(3): 270~275.

[187] 张宝云, 黄敏. 一种新的分形树递归算法的研究[J]. 微计算机信息, 2010, 5~3: 216~217.

[188] 张斌, 张金屯, 苏日古嘎. 协惯量分析与典范对应分析在植物群落排序中的应用比较[J]. 植物生态学报, 2009, 33(5): 842~851.

[189] 张程, 张明娟, 徐驰. 宁夏沙湖几种主要荒漠植物成丛性分析[J]. 植物生态学报, 2007, 31(1): 32~39.

[190] 张鼎华, 叶章发, 王伯雄, 等. "近自然林业"经营法在杉木人工幼林经营的应用[J]. 应用与环境生物学报, 2001, 7(3): 219~223.

[191] 张国财, 原瑶. 树木分枝结构研究概述[J]. 林业科技情报, 2008, 8~9.

[192] 张会儒, 武纪成, 杨洪波, 等. 长白落叶松~云杉~冷杉混交林林分空间结构分析[J]. 浙江林学院学报, 2009, 6(3): 319~325.

[193] 张金屯. 数量生态学[M]. 北京: 科学出版社, 2004: 157~164.

[194] 张金屯. 芦芽山华北落叶松林不同龄级立木的点格局分析[J]. 生态学报, 2004, 24 (1): 35~40.

[195] 张金屯. 植物种群空间分布的点格局分析[J]. 植物生态学报, 1998, 22(4): 344~349.

[196] 张谧, 熊高明, 赵常明. 神农架地区米心水青冈——曼青冈群落的结构与格局研究[J]. 植物生态学报, 2003, 27(5): 603~609.

[197]张硕新，雷瑞德. "近自然林"———一种有发展前景的"人工天然林"[J]. 西北林学
院学报，1996，11(S)：157～162.

[198]张伟，郝青云. 庞泉沟次生混交林主要种群年龄结构和空间格局研究. 山西农业大
学学报，2002，12(2)：50～53.

[199]张一平，马友鑫，刘玉洪，等. 热带雨林林缘不同热力作用面热力特征初探[J]. 北
京林业大学学报，2001，23(6)：22～26.

[200]张义，高天雷. 马尾松林分直径结构研究[J]. 四川林勘设计，2001，(2)：26～30.

[201]张志达. 全国十大林业生态建设工程[M]. 北京：中国林业出版社，1995.

[202]张忠义，闫东锋，段绍光. 宝天曼自然保护区栎类天然次生林群落结构分析[J]. 河
南科学 2005，23(3)：367～370.

[203]赵匠，邓文洪，高玮. 山地次生林破碎化对喜鹊繁殖功效的影响[J]. 动物学研究，
2002，23(3)：220～225.

[204]赵淑清，方精云，宗占江，等. 长白山北坡植物群落组成、结构及物种多样性的垂
直分布[J]. 生物多样性，2004，12(1)：164～173.

[205]赵伟，金慧，李江滴，等. 长白山北坡天然次生林杨桦林群落演替状态[J]. 东北林
业大学学报，2010，38(12)：1～3.

[206]赵秀海，史济彦. 世界森林生态采伐理论的研究进展[J]. 吉林林学院学报 1994，
10(3)：204～210.

[207]赵秀海，张春雨，郑景明. 阔叶红松林林隙结构与树种多样性关系研究[J]. 应用生
态学报，2005，16(12)：2236～2240.

[208]赵学海，张经一，高仁昌，等. 红松直播在营造接近自然林中的作用[J]. 林业科技
通讯，2000，(8)：3～6.

[209]郑小贤，刘东兰. 国际森林可持续经营的新进展———ISO14001 与森林经营管理[M].
中国标准化，2000，(2)：26～27.

[210]郑小贤. 森林经理理论研究(Ⅲ)———综合技术论[J]. 林业资源管理，2001，(S)：
218～221.

[211]郑元润. 大青沟森林植物群落物种多样性研究[J]. 生物多样性，1998，6(3)：
191～196.

[212]周国模，王瑞铨，俞双群，等. 庆元县人工杉木林直径分布的研究[J]. 华东森林经
理，1996，10(1)：18～21.

[213]周丽艳，王明玖，韩国栋. 不同强度放牧对贝加尔针茅草原群落和土壤理化性质的
影响[J]. 干旱区资源与环境，2005，19(7)：182～187.

[214]周婷，彭少麟，林真光. 鼎湖山森林道路边缘效应[J]. 生态学杂志，2009，28(3)：
433～437.

［215］周婷，彭少麟. 边缘效应的空间尺度与测度［J］. 生态学报，2008，28（7）：3322～3331.

［216］周以良. 中国小兴安岭植被［M］. 北京：科学出版社，1994.

［217］周永斌，吴栋栋，姚鹏，等. 杨树人工林边缘效应的初步研究［J］. 福建林业科技，2008，35（4）：108～110.

［218］朱春全，雷静品，刘晓东，等. 集约与粗放经营杨树人工林树冠结构的研究［J］. 林业科学，2000，36（2）：61～65.

［219］朱荣宗. 突麦青冈天然林林分结构分析［D］. 福州：福建农林大学，2009.

［220］祖元刚，王文杰，王慧梅. 边缘效应带和保留带内红松幼林水分生态的差异［J］. 植物生态学报，2002，26（5）：613～620.

［221］Aceves T T, Oliva F G. Effects of forest-pasture edge on C、N and P associated with Caesalpinia eriostachys, a dominant tree species in a tropical deciduous forest in Mexico［J］. Ecological Research, 2008, 23：271～280.

［222］Aizen M A, Feinsinger P. Forest fragmentation, pollination, and plant reproduction in a chaco dry forest［J］, Argentina. Ecology, 1994, 72：330～351.

［223］Beecher W J. Nesting birds and the vegetation substrate, Chicago Ornithological Society［M］. Chicago, 1942.

［224］Bergeron Y. Harvey B. and Leduc A. Forest management guidelines based on naturaldisturbance dynamics：stand～level and forest-levelconsiderations［J］. The Forestry Chronicle, 1999, 75（1）：49～54.

［225］Biging G S, Dobbertin M. Evaluation of competition indices in individual tree growthmodels［J］. For. Sci. 1995, 41（2）：360～377.

［226］Bordelon M A, McAllister D C, Holloway R. Sustainable forestry：Oregon style［J］. Journalof Forestry, 2000, 98（1）：26～32.

［227］Bruee C. Larson. Pathways development in mixed-species stands. The Ecology and Silvieulture of Mixed-species Forests［J］. Kluwer Aeademic Publishers, 1992：3～10.

［228］Buecher M. Conservation in insular parks：Simulation models of factors affecting the movement of animals across park boundaries［J］. Biology Conservation, 1987, 41：57～76.

［229］Burkey T V. Edge effects in seed and egg predation at two neotropical rainforest sites［J］. Biological Conservation, 1993, 85：199～202.

［230］Cancino J. Modeling the edge effect in even-aged Monterey pine（Pinus radiate D. Don）stands［J］. Forest Ecology and Management, 2005, 210：159～172.

［231］Chen J, Franklin J F, Spies T A. An empirical model for predicting diurnal air-temperature gradients from edge into old-growth Douglas-fir forest［J］. Ecological Modeling, 1993, 67

（2/4）：179~198.

[232] Clark P J, Evans F C. Distance to nearest neighbour as a measure of spatial relationships, 1954.

[233] Dale M R T. Spatial pattern analysis in plant ecology[M]. Cambridge: Cambridge University Press, 1999, 21(9): 207~276.

[234] Dalp B, Masson C. Numerical simulation of wind flow near a forest edge[J]. Journal of Wind Engineering and Industrial Aerodynamics, 2009, 97: 228~241.

[235] Didham R K. The influence of edge effects and forest fragmentation on leaf litter invertebrates in Central Amazoni-a[D]. Chicago: University of Chicago Press, 1997: 55~70.

[236] Donnelly K P. Simulations to determine the variance and Edge effect of total nearest-neighbour distance. In: HdederIed. Simulation Studies in Archaeology[M]. Cambridge University Press, Cambridge, 1978: 91~95.

[237] Dungan J L, Perey J N, Dalem R T, et al. A balanced view of scale in spatial statistical analysis[J]. Ecography, 2002, 25: 626~640.

[238] Fielding A. Applications of fractal geometry to biology. Computer Application in the Biosciences, 1992, 8(4): 359~366.

[239] Forman R T T, Godron M. Landscape Ecology[M]. New York: Johnwiley & Sons, 1986, 619.

[240] Fowler H W, Fowler F G. The concise oxford dictionary of current english, 6th edn, ed. J. B. Sykes[M]. Oxford: Oxford University Press, 1976, 98(3): 543~555.

[241] Füeldner K. Strukturbeschreibung von Buchen-Edellaub-holz-Mis-chw3/4 ldern[J]. Cuvillier Verlag, 1995, 146: 213~245.

[242] Fuldner K. Zur Strukturbeschreibung in Mischbestanden[J]. Forstarchiv 1995, 66, 235~240.

[243] Gadow K V. Strukturentwicklung eines Buchen-Fichten-Mischbestandes[J]. Allg. Forst-u. Jagdzeitung, 1997, 168 (6/7): 103~106.

[244] Gadow K V, Hui G Y. Characterizing forest spatial structure and diversity. "Sustainable Forestry in Temperate Regions", Proceedings of the SUFOR International Workshop. University of Lund, Sweden, 2002, (4): 7~9.

[245] Garcia A, Irastoza P, Garcia C, et al. Concepts associated with deriving the balanced distribution of uneven-aged structure from even-aged yield tables: Application to Pinus sylvestris in the central mountains of Spain. In: Olssthoorn F M, Bartelink H H, Gardiner J J, et al. Management of mixed-species forest: silviculture and economics. Dlo Institute for Forestry and Nature Research (IBN-DLO), Wageningen, 1999: 109~127.

［246］Gates J E, Gysel L W. Avian nest dispersion and fledgling success in field-forest ecotones ［J］. Ecology, 1978, 59: 871 ~ 883.

［247］Gunnarsson B. Fractal dimension of plants and body size distribution in spiders. Functional Ecology, 1992, 6(6): 636 ~ 641.

［248］Hamberg L, Fedrowitz K, Lehvävirta S, et al. Vegetation changes at sub-xeric urban forest edges in Finland-the effects of edge aspect and trampling［J］. Urban Ecosystem, 2010, 13: 583 ~ 603.

［249］Hansorg Dietz. Plant invasion patches-reconstructing pattern and process by means of herb-chronology［J］. Biological Invasions, 2002, (4): 211 ~ 222.

［250］Hartnett D C, Wilson W T. Mycorrhizae influence plant community structure and Diversit in tallgrass prairie［J］. Ecology, 1999, 80(4): 1187 ~ 1195.

［251］Hashimoto R. Analysis of the morphology and structure of crowns in a young sugi(Cryptome-ria japonica) stand［J］. Tree Physiol, 1990, 6: 119 ~ 134.

［252］Hofgaard A. Structure and regeneration paterns in a virgin Picea abies forest in northern Sweden［J］. J Veg. Sci, 1993, (8): 601 ~ 608.

［253］Hooper D U, Vitousek P M. The effects of plant composition and diversity on ecosystem processes［ J］. Science, 1997, 277: 1302 ~ 1305.

［254］Hughes J B, Rough garden J. Aggregate community properties and the strength of species in-teractions［J］. Proc National Acad Sci, 1997, 95(3): 6837 ~ 6842.

［255］KajiharaM. Studies on the morphology and dimensions of tree crowns in even aged stand of Sugil: Crown morphology within a stand ［J］. J JPn For soc, 1976, 58: 97 ~ 103.

［256］Lamsa M M, Hamberg L, Haapamaki E, et al. Edge effects and trampling in boreal urban forest fragments-impacts on the soil microbial community［J］. Soil Biology & Biochemistry, 2008, 40: 1612 ~ 1621.

［257］Latham P A, Zuuring H R, Coble D W. A method for quantifying vertical forest structure ［J］. For Ecol Manage, 1998, 104(3): 157 ~ 170.

［258］Laurance W F, Ferreira L V, Maerona J M, et al. Rain forest fragmentation and the dy-namics of Amazonian tree communities［J］. Ecology, 1998, 79: 109 ~ 117.

［259］Law R, Purves D W, Murrell D J, et al. Causes and effects of small scale spatial structure in plant populations. In: S ilvertown J, Antonovics J. Integrating Ecology and Evolution in a Spatial Context［M］. Blackwell, Oxfor, 2001, 12(7): 376 ~ 398.

［260］Lawler J J, Edwards T C. Composition of cavity-nesting bird communities in montane aspen woodland fragments: The role of landscape context and forest structure［ J］. The Condor, 2002, 104: 890 ~ 896.

[261] Leopold A. Game management[M]. New York: Charles Scribner's Sons, 1986.

[262] Lin LX, Cao M. Edge effects on soil seed banks and understory vegetation in subtropical and tropical forests in Yunnan, SW China[J]. Forest Ecology and Management, 2009, 257: 1344~1352.

[263] Liu C J. Competition index and its relationship to individual tree growth. X VII Il JFO WORDCong[J]. Proc. Div, 1981, (6): 135~147.

[264] Malcolm JR. Edge effects in central Amazonian forest fragments[J]. Ecology, 1994, 75: 2438~2445.

[265] Marchand P, Houle G. Spatial patterns of plant species richness along a forest edge: What are their determinants? [J]. Forest Ecology and Management, 2006, 223: 113~124.

[266] Marini M A. Edge effects on nest predation in the Shawnee national forest, southern Illinois [J]. Biological Conservation, 1995, 74: 203~213.

[267] Mary Ann Fajvan. Robert5. Seymour. Canopy stratification, age structure, and Development of multieohort Stnads of eastern white Pine, eastern hemlock, and red spruee[J]. Canadian Journal of Forest Research, 1993, Vol. 23: 1799~1809.

[268] Matlack G R. Vegetation dynamics of the forest edge-trends in space and successional time [J]. Journal of Ecology, 1994, 82: 113~123.

[269] Mcdonald R I, Urban D L. Forest edges and tree growth rates in the north Carolina Piedmont [J]. Ecology, 2004, 85(8): 2258~2266.

[270] Miller D R, Lin J D. Canopy architecture of a red maple edge stand measured by a point drop method. In: Hutchinson BA, Hichks BB. The Forest-Atmosphere Interaction. Boston, MA: D[J]. Reidel Publishing Company, 1985: 59~70.

[271] Moeur M. Characterizing spatial patterns of trees using sterm~mapped data[J]. Forest Science, 1993, 39, 756~775.

[272] Munro D D. Forest growth models-a prognosis. P. 7~21 in Growth models for trees and standsimulation. Fries, J. (ed.). Royal Coll[J]. For., Res. Note, 1974, 1(1): 66~68.

[273] Murcia C. Edge effects in fragmented forests: Implications for conservation[J]. Trends in Ecology and Evolution. 1995, 10: 58~62.

[274] Sannikova N S. Microecosystem analysis of the structure and functions of forest biogeocenoses[J]. Russian Journal of Ecology, 2003, 34(2): 80~85.

[275] Noss R F. Assessing and monitoring forest biodiversity: A suggested frame work and indicators[J]. For. Ecol. Manage. 1999, 115(1): 135~146.

[276] Oliver D C, Larson C L. Forest Stands Dynamics[M]. John Wiley & sons. Inc. Oxford.

1996, 34: 23 ~ 45.

[277] Paton P W C. The effect of edge on avian nest success: how strong is the evidence? [J]. Conservation Biology, 1994, 8: 17 ~ 26.

[278] Perry J N, Liebhold A M, Rosenberg M S, et al. Illustrations and guide lines for selecting statistical methods for quantifying spatial pattern in ecological data[J]. Ecogrophy, 2002, 25: 578 ~ 600.

[279] Proctor C J, Broom M, Ruxton G D. Antipredator vigilance in birds: modeling the edge effect[J]. Mathematical Biosciences, 2006, 199(1): 79 ~ 96.

[280] Putman R J. Community Ecology[M]. London: Capman & Hall, 1995.

[281] Raulier F, Ung C H, Ouellet D. Influence of social status on crown geometry and volume increment in regular and irregular black spruce stands[J]. Can J For Res, 1996, 28: 1686 ~ 1696.

[282] Richard G, Lathrop J, David L P. Identifying structural self-similarity in mountainous landscapes[J]. Landscape Ecology, 1991, 6(4): 233 ~ 238.

[283] Richards P, Williamson G B. Treefalls and patterns of understory species in a wet lowland tropical forest[J]. Ecology, 1975, 56: 1226 ~ 1229.

[284] Schonewald-Cox C M, Bayless J W. The boundary model: A geographical analysis of design and conservation of nature reserves[J]. Biological Consevation, 1986, 38: 305 ~ 322.

[285] Seott D R, Jmaes N L, Frederiek W S. Canopy stratification and leaf area efficieney: conceptualization[J]. Forest Ecology and Management, 1993, (60): 143 ~ 156.

[286] Silbaugh J M., Better D R. Biodiversity values and measures applied to forest management [J]. Journal of Sustainable Forestry, 1997, 5(12): 235 ~ 248.

[287] Silbernagel J, CHEN J Q, SONG B. Winter temperature changes across an old-growth Douglas-fir forest edge[J]. Acta Ecologica Sinica, 2001, 21(9): 1403 ~ 1412.

[288] Ter Braak C J F. Canonical community ordination. Part I: Basic theory and linear methods [J]. Ecoscience, 1994, 1: 127 ~ 140.

[289] Ter Braak C J F. Canonical correspondence analysis: a new eigenvector technique for multivariate direct gradient Analysis [J]. Ecology, 1986, 67: 116 ~ 1179.

[290] Tome M, Burlchart H E. Distance dependent competition measures for predicting growth ofindividual trees[J]. Foc Sci., 1989, 35(3): 816 ~ 830.

[291] Uuttera J and Maltamo M. Impact of regeneration methods on stand structure prior to firstthinning: Comparative study North Karelia, Finland vs. Republic of Karelia, Russian Federation[J]. Silva Fennica. 1995, 29(4): 267 ~ 285.

[292] Weiner J. Neighborhood interference amongst pines rigid a individuals[J]. Journal of Ecolo-

gy，1984，72：183～195.

［293］Williams-Linera G. Vegetation structure and environmental conditions of forest edges in Panama［J］. Journal of Ecology，1990，78：356～373.

［294］With K A. Using fractal analysis to assess how species perceive landscape structure［J］. Landscape Ecology，1994，9(1)：25～34.

［295］Wuyts K，Schrijver A D，Staelens J，et al. Comparison of forest edge effects on throughfall deposition in different forest types［J］. Environmental Pollution，2008，156：854～861.

［296］Yahner RH. Changes in wildlife communities near edge［J］. Biology Conservation，1988，2：333～339.

［297］Zeide B. Fractal analysis of foliage distribution in loblolly pine crowns［J］. Canada Jouranal Forest Research，1998，28(1)：106～114.

［298］Zeide B. Fractal geometry in forestry applications［J］. Forest Ecology and Management，1991，46(3～4)：179～188.

［299］Zeide B. Fractal geometry in forestry applications［J］. For. Eco. lMan. 1991，46(3～4)：179～188.

主要作者简介

杨新兵(1978~)，男，河北涉县人，博士，副教授，硕士生导师。中国水土保持学会理事，国家北方山区农业工程技术研究中心骨干专家，河北省林学会会员。2007 年获北京林业大学水土保持与荒漠化防治专业博士学位。毕业后回河北农业大学林学院任教。现主要从事水土保持学、森林健康经营、生态水文学等相关领域的科学研究。

主持国家林业公益性行业科研专项子课题 2 项，河北省林业厅科技项目 2 项，河北省质量技术监督局标准 2 项，河北省旅游专项研究课题 1 项。另外，还参加林业"十一五"科技支撑计划专题 3 项，国家林业局新技术储备项目 1 项，北京市科委重大项目 1 项，北京市农委科技项目 1 项，河北省科技厅项目 2 项，河北省质量技术监督局 2 项。

2007~2012 年，获市级以上奖励 4 项，完成河北省地方标准 4 项，主编专著 2 部，参编著作 2 部，在国内外核心刊物上发表学术论文 60 多篇，其中 EI 收录 6 篇。